造书
西方书籍手工装帧艺术

BOOKBINDING

HANDMADE BINDING ART
OF WESTERN BOOKS

造书

西方书籍手工装帧艺术

［英国］道格拉斯·科克瑞尔 著

余彬 恺蒂 译

译林出版社

推荐序
科克瑞尔与西方书籍装帧

英国著名书籍装帧大师道格拉斯·科克瑞尔的《造书：西方书籍手工装帧艺术》一直被认为是该领域的经典之作。1901年初版，之后又出过三个版本，其间重印无数次。1953年，他的儿子悉尼·莫里斯·科克瑞尔（Sydney Morris Cockerell）出版了修订后的第五版，并在介绍中写道："此书依然是行业标杆。"第五版也多次重印，并因其对手工装帧的工艺及过程的详尽描述而备受赞誉。书中描述的手工技术在西方国家沿袭数个世纪，直到被19世纪的机械化取代。书中穿插的简单明了的白描图画更添吸引力和实用性。

道格拉斯·科克瑞尔1870年生于伦敦的殷实之家，七岁时父亲过世，家道中落。他的童年和接受的教育皆不合常规，因在学校成绩不佳，十五岁即被送去加拿大自谋生路，五年之后他已在马尼托巴（Manitoba）管理一家银行。次年（1891年）他回到伦敦，结识美术与工艺运动的领袖威廉·莫里斯（William Morris，1834—1896）。1893年，他开始在多佛装帧坊（Doves Bindery）做学徒，工坊主人著名装帧大师托马斯·科布登－桑德森（Thomas Cobden-Sanderson，1840—1922）因受莫里斯的影响而投身手工工艺装帧。19世纪末期，很多手工艺制作被工业化、机械化取代，其中包括书籍装帧，因此，莫里斯领导了一场反机械化、反量产化的美术与工艺运动（Arts and Crafts Movement）。

直到1830年前后，欧洲的大部分书籍都是手工印刷和装帧的，沿循的是流传几百年的传统技术，但进入19世纪中叶，机器开始逐渐取代手工。这个变化使书籍的制作和发行的规模得以扩大,从而更加快捷,成本也更低。但随之而来的是批评的声音——这些新式的书籍欠缺吸引力,欠缺视觉美感,也不如老式的书籍持久耐用。于是,科布登-桑德森潜心于传统的书籍装帧艺术,成为1880年代首屈一指的装帧师,制作的书籍不仅工艺精良而且装饰华丽。几年后,他在伦敦哈默史密斯(Hammersmith)创办了多佛装帧坊。作为一间商业性的工坊,当时那里聚集了一批追随科布登-桑德森的高水准工艺的装帧师。年轻的科克瑞尔就在这里接受训练,汲取其精神气质和价值观。

到1897年,科克瑞尔已具备独立从业的能力,于是在伦敦查令十字街(Charing Cross Road)附近开设了他自己的装帧工坊,并同时在中央美术工艺学校(Central School of Arts and Crafts)教授书籍装帧课程,赢得很高的声誉;这本《造书》就是源自他的教学。科克瑞尔延续着他在多佛装帧坊所接受的理念,痛恨书籍的大规模批量制作,批评20世纪初期以胶水粘贴为基础的制书架构，力争保留他所擅长的传统技术。这本书，就是这种传统工艺的指南。

他在1907年搬出伦敦，落户花园城市莱奇沃思（Letchworth Garden City）。在那里，他的装帧工坊扩大成为家族事业。他的太太弗洛伦斯是个珠宝匠，自1898年结婚后一直在辅佐他。1924年，他的儿子悉尼正式成为道格拉斯·科克瑞尔父子公司（Douglas Cockerell & Son）的合伙人。他们被认为是全英格兰最高水平的工艺装帧师之一，装帧了许多引人瞩目的书籍，例如在1930年代受聘于大英博物馆，对博物馆从苏联政府手中天价购得的4世纪《西奈抄本》（*Codex Sinaticus*）进行重新装帧。1945年道格拉斯去世，悉尼继续经营装帧工坊，直到其1987年去世。他们凭借优雅的犊皮封面字型及装饰的压印技术，形成了独特而备受赞赏的装帧风格。

科克瑞尔在此书中所描述的是9世纪至19世纪欧洲无数书籍的装帧方式。西方书籍的制作传统，源于和北非早期基督教文化相关的最早的抄本架构，当然和中国书籍的装订方式有很多不同。古希腊和古罗马主要依靠纸莎草卷本来记录和保存知识，但这种介质很脆弱。到公元2和3世纪，在埃及和周边区域开始出现把纸莎草折叠成页，从中缝穿订，再覆以保护封皮的工艺，这就是现在所谓的册本形式的开始。

这种最早的书本通常采用平订的缝针法，缝线从上到下连续穿过所有书页。这种技术在伊斯兰世界一直沿用到现代，但在公元800年左右，欧洲开始采用一种不同的方法，有时被称作活脊锁线缝订法（flexible sewing）。这种方法是把手抄或印刷的书页折叠在一起形成书帖，缝线穿过中间页，将书帖缝订到几个书绳、书带或皮条的支撑物上，这些支撑物和折叠成书帖的书心垂直，支撑部分突出的书绳头或书带头被穿系并粘贴在硬封板上，对书心形成保护。封板外会裹上一层封皮，通常是皮革或皮纸，也可能用纸张或布料。然后，装帧师会在封面加以装饰，完成最终产品。在加封板之前，书心的前后通常会加上额外的书页（环衬页），书脊用锤子扒圆，书心边缘用锋利的刀刃裁切，形成光滑的表面。

　　在装帧术语中，书籍结构性的制作阶段叫前期工序（forwarding），书籍外表装饰性的阶段叫后期工序（finishing）。几个世纪以来，大部分手工装帧的书籍更注重功能性，而非装饰性，大多数书籍的封面装饰都很简单，但总会出现么一些装帧师，既有能力而且也喜欢为有特殊要求的客户制作豪华的装帧。烫金压印花纹的皮面装帧，是伊斯兰装帧师在中世纪发明的，15世纪末传入欧洲，从此以后，大部分高端装帧都采用了这种工艺，把带花纹的铜质压模加热后，透过一层金页压印到皮面上，制作出华丽优雅的封面。而染成不同颜色的优质皮革，又给装饰效果带来更多的选择。这种类型的豪华装帧，可以是为藏书家、鉴赏家定制，可以做馈赠佳品，也可以服务于那些用书架来展示财富和品位的主人。

　　这就是科克瑞尔在本书中所描述的装帧方法，步骤详尽分明，不论材料之贵和成本之高，每本书都必须手工制作，显示出和后来机械制作的书籍之间的诸多不同。在19世纪的二三十年代，越来越多的书籍开始用布料做封面，把书心部分用胶水粘贴在帆布条上，不再采用有支撑书绳或书带的缝订方式。布面的书封事先装饰印字，批量准备，这种被称为"布面精装"（case binding）的装帧方式，随着19世纪的发展而逐渐取代了更昂贵且更费时费力的手工装帧方式。科布登－桑德森进入装帧领域之时，正是这种高性价比的布面精装风头强劲之际，但美术与工艺运动的拥趸们却觉得它缺少美感和灵魂。随着时间的推移，越来越多的书本装帧用黏合剂取代缝订作为主体架构，但胶水比缝线更容易老化，这就是大量的20世纪平装本经历几十年就散架的原因。

在科克瑞尔的这本书问世后的一百多年间，无数本类似的书籍装帧的手册和指南出版，因为这一工艺流程没有改变，所以这些书的结构基本类似。但此书依然保持着它的畅销度和行业地位，现当代英国、美国的版本随处可见。如今，中文版的推出，是对它的成功的致敬。

作为一个历史性的课题，对于书籍装帧的研究在这个世纪有了很大的进展。在科克瑞尔写这本书的时候，几乎没有记载和研究书籍装帧历史的书籍，图书馆员和藏书家对这个题目很少关注。20世纪期间，很多学者和目录学家（大部分并不是装帧师）开始研究某一地区某一时段的装帧，或者集中关注装帧技术的发展；现在，无论从出版物还是从网络上，我们都能获得大量信息，帮助我们分辨不同时代背景下的装帧艺术。

今天的书史学家们不仅关注文本所表达的内容，他们还希望了解书籍的作用和影响，以及后人和它们之间的互动。他们领会到，为了获得这种理解，必须把书本作为一个整体来看待，不仅看到书页上的文字，还要将它作为一件艺术品来对待。一本两百或四百年前装帧的书，它最初的装帧是昂贵还是低廉？它是因经常翻阅而满目沧桑，还是因束之高阁而完整如新？凭借着这些信息，我们能了解到一本书历代的读者，那些曾经拥有过它的人。有些装帧本身就会携带拥有者的直接信息，比如呈现在封面的姓名或徽印。许多书籍的装帧和它们的印刷年代并不相同,这种时间的差距并不罕见,后来的装帧可能是为了应对这些书籍的过度使用,也可能是因为后来的收藏家意识到了其文本的价值。自古以来的书籍装帧,总会因其华美的外观和精湛的工艺而备受后人瞩目,尤其是那些流光溢彩的豪华装饰。不过,我们会慢慢发现,每本装帧的背后,都藏着一个有趣的故事,无关乎封面上用了多少金印。

在书籍世界中,科克瑞尔属于抵抗大规模生产的先锋一代。虽然自他之后的绝大部分出版物都是他所憎恶的黏合剂及布面精装类,但是,20世纪兴起的将书籍装帧视为一个艺术门类的复兴运动,虽然小众,但也兴旺繁盛。一批著名的伦敦工坊涌现出来,其中最著名的有桑格斯基－萨克利夫(Sangorski & Sutcliffe)、扎尼斯朵夫(Zaehnsdorf)等,为有特殊要求并愿意为此付出代价的客户保留了手工装帧的选择。在20世纪的前半叶,很多装帧师追寻科布登－桑德森开启的传统,成为艺术家装帧师,其中最知名的当属西比尔·派伊(Sybil Pye,1879—1958),她开创了独特的装饰艺术(Art Deco)个人风格,发挥采用明亮颜色的贴皮技巧。她曾说过,就是科克瑞尔的这本书,让她自学成才的。新西兰出生的装帧师埃德加·曼斯菲尔德(Edgar Mansfield,1907—1996),1947年移居英格兰,从20世纪中叶开始,因大力推广手工装帧而闻名业界,他力主手工装帧的书籍不仅应是独立的完美物品,也应反映当代艺术设计的潮流。1955年,英国成立了"当代书籍装帧师行会"(Guild of Contemporary Bookbinders),他是第一任主席。这个行会的成立,就是为了推广将当代书籍装帧视为一种艺术形式的理念。后来,此行会被重新命名为"设计师装帧师协会"(Designer Bookbinders)。现在这一协会处于书籍装帧的领袖地位,会员中包括很多献身于这一艺术的装帧师们;他们所追求的,一方面是高质量的装帧,另一方面是艺术冲击力,而这正是科克瑞尔这本书中所描述的工艺传统。对现代优秀装帧的追求并不仅限于英国,纵观20世纪乃至21世纪,很多欧洲国家和世界其他国家也都制作和收藏了类似的作品。

大卫·皮尔森(David Pearson)[①]

2018年3月于剑桥

[①] 大卫·皮尔森:剑桥大学博士,曾任英国国立艺术馆收藏部主任、英国目录学协会主席。著有《牛津装帧设计》《英国书籍装帧风格》《大英图书馆书籍史话》(译林2019版)等。

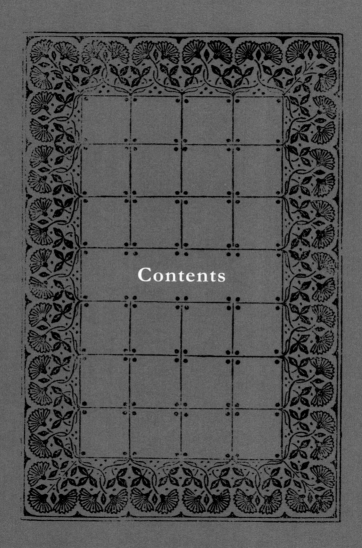
Contents

目录

推荐序　科克瑞尔与西方书籍装帧 / I

编者按 / I

作者自序 / IV

第 一 部　装　帧

第 一 章　概论 /005

第 二 章　登记 /021　书页 /021　折叠 /022　配页 /029

　　　　　拆页 /032　重新折叠 /035　敲缝 /037

第 三 章　粘贴保护条 /041　折叠式插页 /048

　　　　　削薄纸页 /050　泡洗摹拓纸插图 /051

　　　　　托裱超薄纸 /052　分离纸 /052　嵌页 /053

　　　　　整平犊皮纸 /054

第 四 章　上浆 /059　清洗 /062　修补 /066

第 五 章　环衬 /073　皮革接缝 /078　平压 /079

第 六 章	缝订之前裁切书口 /087	书口烫金 /090
第 七 章	标记 /097　缝订 /098　缝订材料 /108	
第 八 章	疏松绳头及上胶 /113	扒圆和起脊 /115
第 九 章	封板切割及穿系 /125	清理书脊及压平 /136
第 十 章	装封板后裁切书口 /141	书口的烫金和上色 /145
第十一章	堵头布 /151	
第十二章	预备装封 /159　削薄皮革 /161	
	粘贴封皮 /165　书角斜接和封板内面 /173	
第十三章	图书馆装帧 /181　装帧超薄书籍 /184	
	剪贴簿 /184　犊皮纸装帧 /187	
	用刺绣或织物做书封 /192	
第十四章	书封装饰工具 /197　书籍装帧后期工序 /200	
	犊皮纸压印 /219　镶嵌皮革 /219	
第十五章	书背字母压印 /225　无色压印 /232	
	书籍封面上的家族纹章 /237	
第十六章	设计压模 /243　压模的组合形成图案 /245	
	设计书背 /260　书封内侧装饰 /263	

第十七章　粘贴环衬 /267　新书开合 /270

第十八章　搭扣和系带 /275　装帧中的金属 /278

第十九章　皮革 /283

第二十章　纸张 /297　浆糊 /302

用于修复的白浆糊 /304　胶水 /304

第二部　装帧后书籍的保养

第二十一章　对书籍有不良影响的环境 /311　书虫 /315

老鼠 /317　蟑螂 /317　上架摆放 /318

第二十二章　旧书的皮面装帧保养 /323　重新起脊 /325

词汇表 /329

译后记一　一片匠心在浆糊 /337

译后记二　科克瑞尔装帧几种 /343

编者按

借着"手工艺术丛书"出版的机会,声明一下我们的目的和理念。

首先,我们希望能透过专家的视角,对手工作坊的现有方式严审细察,将生计的现实目的置于一边,以介绍精良工艺为主旨,为侧重设计的工艺建立质量标准,从而提供一套信得过的工坊实践教科书。

其次,我们希望通过这套丛书的出版,促使人们将设计本身视为精良工艺的重要组成部分。在过去的一百年间,除了学院性的绘画和雕塑,其他大部分艺术门类都被忽略，形成了视"设计"为徒具外观的趋势。这类"装饰品"，通常由不懂生产技术过程的艺术家提供图样，再用机械方式完成。随着对拉斯金和莫里斯的手工艺的不断重视，人们渐渐意识到设计和工艺不可分割。广义来说，真正的设计是高品质的有机组成部分，它涉及优质合适的原材料选择、适用于特殊需求的创新、精湛的大师级手工以及恰到好处的收尾等，已远远超出了仅停留于表面的装饰。事实上，即使装饰本身也是优良工艺的外溢，而不仅仅是空洞的线条。如果工艺和创新思想（即设计）分得太开，必然会退化；另一方面，和技艺背道而驰的装饰，失去依托，必然走向矫情。美好的装饰可以说是向眼睛倾诉的语言，这种语言通过工具来表达令人愉悦的思绪。

再次，我们想通过这套丛书，把艺术性的工艺展现给那些想借此谋生的人们。虽然在学院性的艺术范畴内，只有极少数的画家和雕塑家能在异常激烈的竞争中生存下来，但是，作为艺术工匠，每一位愿意接受充分手工和设计训练的人，都极有可能取得一定程度的成功。

在我们所从事的这些艺术门类中，如果将手工操作和设计思想相结合,既能远离枯燥乏味的重复性劳作,又能回避纯学院性艺术中可怕的不确定性,让快乐的职业触手可及。让接受过良好教育的人们回归充满成就感的手工艺,这从很多方面来说都是极有意义的。我们之中,疏于手工的"城里人"已经太多了,在这个世纪,设计和工艺很可能会比上世纪得到更多的重视。

W.R. 莱瑟比[①]

[①] W.R. 莱瑟比(William Richard Lethaby, 1857—1931),英国建筑师及建筑史学家,英国美术与工艺运动的倡导者之一。本书初版于1901年,是"手工艺术丛书"之一,该丛书中还有《银器与首饰设计》《泥金抄本制作》等。莱瑟比为丛书的主编。1896年他创立了中央美术工艺学校,科克瑞尔在此校教授书籍装帧。——译注

作者自序

我希望,这本书能对装帧师和图书馆员选择合适的书本装帧方法有所裨益。

写作此书,无意于替代装帧师的工坊培训,只为提供一些增补。没有人能通过读教科书而成为有经验的工匠,但是,对于已经有技能和实际经验的人来说,教科书也许能提供不同的方法,开启新的思路,那么,这本教科书就有了价值。

我要向很多朋友致谢,包括我工坊里的工匠们,感谢他们提供的建议和其他帮助,也要感谢艺术协会允许我引用特别委员会关于装帧皮革的报告。

在此,我要特别感谢我的导师,T. J. 科布登-桑德森先生,我是在他的工坊里学会了这门手艺,如果本书中有任何有价值之处,都归功于他的影响。

D. C.
1901 年 11 月

第一部

装帧

第一章 概论

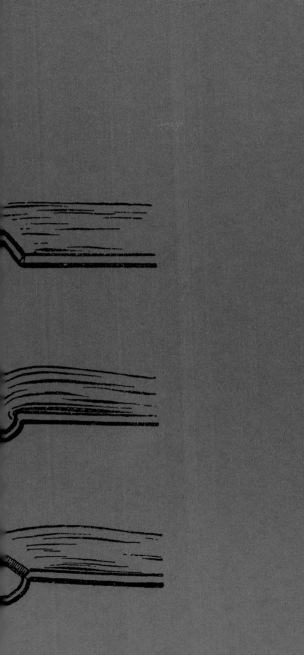

INTRODUCTION 概论

　　书籍的装帧，目的在于让书页保持正确的顺序，并得到应有的保护。精良装帧的保护作用，体现在大量的15和16世纪的书籍中，至今它们依然保持着良好的状态。而低质量的装帧，就谈不上保护了，书封日久脱落，皮面老化到一触即碎，放眼任何一家大型图书馆，这种情形都相当常见。几乎每个图书管理员都会为重新装帧书籍而头疼，许多装帧连几十年都维持不了，更不用说四百年了。

　　毫不夸张地说，过去三十年内装帧的皮面书，其中的百分之九十，都需要在今后的三十年内重装。这笔巨大的开支，对于图书馆来说是不能小觑的负担。此外，重新装帧的过程，书页多多少少总是会受到一定程度的损坏，那就更是令人遗憾了。

　　现代的书籍装帧，之所以不能持久，有两方面的原因。一方面，材料的选择和处理有问题，采用了错误的装帧方法。另一方面，藏书的环境有问题，无论新书还是老书，不良的藏书环境加速了书籍的破败。

本书的目的，是为了讲述如今所能达到的最好的装帧方式和最佳的保存方法。不求面面俱到，但求重点突出那些对旧书来说最有效的方式。所有呈现在本书里的装帧方式，都可以借助简单的工具，以手工的方式完成。现在，大批量生产的书籍，借助机器很快就能装订出来。但是，对于有个性化要求的书籍来说，手工制作目前依然是唯一的方式，也许永远是唯一的方式。所以，机器装帧这种经济型的方式，只能适用于大批量同样书籍的制作。

现在大批量生产的布面精装的书籍，都是先把布封面统一制作成封壳，在此可能称之为"壳装"更合适，其方法完全不同于手工装帧。传统的手工皮面装帧，绳线头要先固定在封板上，然后再蒙上外皮。而做布面精装时，布面先蒙在封板上做成外壳，然后再把书壳粘贴到书心上。人们在布面的装饰上花费了很大的精力，可惜装订技术却没有得到同样的重视。如果把布面精装视为一种临时性的装帧，那么，在装饰上花去大量的精力真是件憾事，但是，如果视之为永久装帧，那么装订上的粗陋又是一件憾事。

对于只有临时性保存需求的书籍，布面精装固然可以满足，但如果希望拥有长远的价值，就需要做些改变。

有价值的书籍，要么采用明显的临时性装订，要么就应该用牢固到永久性的装帧。普通的布面精装，可不能算是临时性的，因为这种装订方式对书页已经造成了严重的损坏。通常来说，经历过布面装订的书页不再适于重新装帧，但是由于缺乏足够牢固的装订，又不算是永久性的装帧。

书商如果选择临时装订，那就不应该对书页造成任何的损伤。插图页应有保护条的裱衬，缝订时使用书带，头尾部不要分开，也不要采用将书绳嵌入书脊凹绳缝订法。书脊粘合时，应保持平整，不要起脊。书套可以作为附件，这已经是如今的常规做法。书商永久性的装帧，应该借鉴图书馆馆藏图书的推荐方式，用皮革或织布包裹书背。

本书结尾，列出了书籍装帧的四大分类。第一类装帧对象是具有特殊意义和价值的书籍，其装帧力求最大程度体现书籍的内涵和特征，而不考虑成本。第二类是精良的装帧，用于被经常翻阅的参考书等厚重书本，这类装帧，保留了第一类中所增加的耐用性，剔除了那些徒具装饰性的元素，这种做法虽然比第一类装帧的成本大大降低，但是，对于图书馆里的大部分书籍来说，还是过于昂贵；而如果再减去更多的特性，书籍的耐用性就会大打折扣，所以，针对更廉价的书籍，要有一个不同的体系。第三类装帧对象是大多数图书馆里的大部分小开本书籍。第四类是基于第三类的进一步调整，对象是活页以及其他低价值的书籍，通过装帧将它们整齐地归置在一起，以便于偶尔的查阅。

极尽精美的装帧传统，萌芽于英格兰，这在很大程度上，有赖于著名装帧师科布登-桑德森先生的努力。艺术协会委员会出具的报告，把现代皮面装帧的损毁原因，指向了低成本的装帧传统。这个报告立足于对多家图书馆的调查，对多种装帧方式的比较，从中进行筛选而成，本书结尾的第三类装帧，情况和这个报告给出的建议尤其吻合。

直到18世纪末，在之前的三百年间，传统的书籍装帧方式几乎不变。书心缝订一般用五根书绳，书绳的两端被梳松后贴在封板上，皮面则直接粘贴在书背上。从

18世纪末开始,皮料通常被削得跟纸一样薄,再后来,腔背装,也就是中空的书脊出现了,之后,假的堵头布开始流行。然而,就装帧的保护作用而言,这两个变化是现代装帧质量下降的开端。

艺术协会委员会的报告指出,现代装帧之所以容易损坏,装帧师、皮革制造商和图书馆员都有责任,理由有以下几点:

1. 缝订书心所用的书绳太少太细,书绳线头留得太短(纯粹为了美观),因而不能牢固地粘贴在封板上。这就使得封板和书心之间的粘合,只能完全依靠皮面的强度。

2. 腔背装的使用,将书本开合带来的压力,完全施加于接缝之上,翻阅的次数一多,书封就很容易脱落。

3. 堵头布不够结实,经不起使用,反复从书架上抽取,书背上的皮面就会被撕坏。

4. 普遍使用太薄的皮面,尤其是用削薄的大张厚皮来装帧小开本书籍。

5. 用于包书封的皮革,通常被浸泡得很湿软后,再大幅度撑开,在干燥的过程中,皮革收缩得很紧,都快要破裂了，这样一来，在使用的时候，皮面已经没多少韧性了。

腔背装从出现到流行，大致是这样一个过程：因为柔韧和耐磨，皮料无疑是用于包覆书背的首选；它不仅保护了书背，同时，书本打开后，皮料的弯曲度能让书脊自然地隆起（柔背装见图1A）。烫金技术广泛应用后，书背上通常会烫上各种炫目的金印，但是，隆起的书脊会将皮面挤压出褶皱，这就影响到了金印的亮度，甚至会使金印破碎掉落。为了避免这种结果，装帧工就将书脊加厚，变得像木板那样硬邦邦的，书本打开时，书脊就不会突起，皮面也就不会起褶皱，金印自然也就完好无损（硬背装见图1B）。这对金印来说，是件好事，但书本却摊不开了，如果书脊硬到一定程度，书本甚至会完全打不开。这个难以两全的困境，随着腔背装的出现而化解了，又因为缝书所用的书绳还是在书脊上突出的，于是就在书脊上开了槽，缝订时把书绳嵌埋进去。

腔背装的应用，是解决问题的绝佳办法，这样一来，书脊依然隆起，但皮面不受影响（见图1C）。至于把书绳埋进书脊，这种方式早在腔背装出现之前就有了，以前

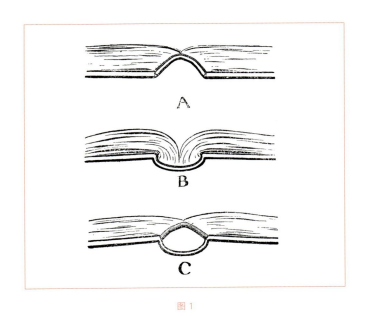

图1

用刺绣品包覆书面,为了不显露突起的书绳,就是这样做的。

如果书心缝订时用的是书带,书脊上贴衬了皮革,那么,精心制作的腔背装就没有什么大问题。用犊皮纸装帧的腔背装式样,是许多经久耐用的优质账本的装帧方式,这些账本的中空腔背都做得很硬,像弹簧一样把书脊弹起。

虽然说如果精心制作，腔背装也能达到令人满意的装帧效果，但事实上，更多的腔背装都是徒有其表，其装帧没有力度，基本上没有价值。

人们已经熟悉了书背上凸起的竹节，也就是那几道装饰条，其实在腔背装里，真正的书绳被埋进了书脊，中空腔背上粘贴的是假的竹节。为了省钱省力，缝书时只用到三根甚至两根书绳，但在书脊上粘上五根。真正穿系在封板上的，可能只有两根，更有甚者，有时连一根都没有。同样，大批量机器生产的假堵头布也广泛使用，粘贴在书顶和书根，而中空腔背则是用牛皮纸做的。至于所用的皮面，已经薄到几乎没有韧度了，只是因为不用再削和易于使用，所以一直沿用。而书背上烫满了金字，书封处理成亮彩效果或者大理石花纹，就进一步削弱了皮面的韧度。

这样装帧出来的书籍，在每个大型图书馆里都能见到几百本。这些书籍，离开装帧工坊时，看起来做工精良，搁在书架上，品相也很好。但是，没过几年，无论是否被翻阅，皮面都会老化，封板开始脱落，需要重新装帧了。

只要图书管理员指望着花个两三先令，得到貌似十来二十个先令的装帧，那么，这样的假冒品就会产生。有什么样的付出，就有什么样的所得，低成本的装帧，是不可能产生高质量的效果的。放弃抛光小牛皮，放弃仿摩洛哥羊皮，代之以更粗更厚的皮革。放弃全烫金书背，放弃彩色排字版框，放弃中空腔背，代之以书带缝订书心，书带头粘贴于封板的两块剖面之间，厚的皮革直接贴衬在书帖脊部。

这样装帧出来的书籍，看上去还不错，费用也不比普通的图书馆装帧更高。书本应该能够平摊开来，如果材料选择得当的话，还是相当持久耐用的，在书本最脆弱的接缝处，尤其牢固。如果频繁翻阅，书背上的印字可能会脱落，但是和重新装帧相比，修复印字的成本很低，也不会损坏书本。

对于大部分图书馆里的大部分图书来说，必须采用低成本的装帧，每本不超过几个先令，这种简约但优质的装帧有着大量的需求。但是对于某些特殊书本来说，还是会要求多多少少带些装饰性的装帧，这方面的需求量虽然有限，但在持续增长。

书籍装帧后期的装饰工序，除了最简单的之外，复杂的装饰要视装帧师的能力而定。如果装帧师在完成了从缝订到包裹皮面的前期工序之后还有时间及精力，可以对书封进行装饰，在不影响日后方便维护的前提下，让此书的外观更为漂亮。

很多书本，尽管装帧细腻用心，但是最好不要有装饰，或者，仅仅是稍加装饰。不过，偶尔也会遇到一些怎么装饰都不过分的书籍，装帧师可以尽情地将它装饰得华丽无比。一些用于重要仪式的书籍，就属于此类，比如圣坛上的书，就可以极尽奢华，用金箔和重彩装饰，直到整本书如同被金子覆盖。在宏伟的大教堂里，它们是令人瞩目的豪华物件，只要得体，就没有装饰过度之说。

所以，有时候，会有那么一本书，出于某种原因，是主人的心爱之物，甚而想用装帧的方式，为它披上一件圣衣。这时，装帧师就有了用武之地，可以尽情发挥。精巧的图案，布局得当的点缀，皮面上的大幅留白，或者，装帧师还可能会在外面烫上细密的金印，其丰富的质感，以其他方式是难以做到的。如果他这样做了，很多人会说这本书的封面过度装饰了，但是，正如我们不能脱离书本孤立地评价它的封面,我们也不能简单地将封面装饰视为毫无对比的堆砌;相反,书籍作为一个整体,封面装饰应该被视为闪光点和兴趣点。就像走进一个房间,如果里面的每一物件都极尽装饰,那么,相形之下,任何一个外表平实的物件,反而受人欢迎了。反之,如果房间里没有什么装饰,那么,一件华丽的饰品,就能吸引人们的目光。

这并不是说,用烫金方式制造流金溢彩的效果,就是封面装饰唯一的或者最佳的方式,只是说,这样的装饰方式,对于一些杰出的书籍来说,不失为一种合理的方式。为达到这样一个良好的效果,投入的精力和成本也是值得的。

优质的皮革,表面细腻,色泽悦目,装帧师经常会用局部装饰的方式,来展示皮料原本的表面和色泽。这种做法达到的效果,完全不同于全面覆盖的图案。如果做得好,两种方式都会很优雅,但是如果做得不好,两种方式都有可能很粗俗。

封面装帧到底是不是应该依据书籍内容而定?这是一个很有争议的问题,答案是,应该有一定的相关度。

但是,通常来说,如果装帧师的目的就是为了美化封面,那么他就该尽其所能。至于设计上的提示,目的不在于限制学生的创意,而是为了引导他们往正确的方向发展。

书本的印制和装帧应该达成一定的共识,非常遗憾的是,如今印刷厂和装帧工坊却各行其道,越走越远。按理说,他们应该从各自的角度,为一本书的诞生而共同努力,这个共同目标应该在他们各自的工作中得到体现。

抄本和早期印本书籍的装帧,应该牢固但简单。这种装帧,应该就和古时候的原装帧一样结实耐用,稍加打理,就能用上四百年甚至更久。这样看来,古时候的装帧技术,连同结实的缝书绳线、木制封板和环扣,都可以用作今天的模板。

经常有人问:开一个装帧工坊能不能维持生计?这个问题女人尤其关心。在大多数的情况下,低档的装帧适合在大型工坊里完成,经济效益最高。但是,顶级品质的装帧,最好还是由独立工作的装帧师来完成,或者,在一个小规模的工坊里进行。

如果想要成为一个拥有自己的工坊的独立装帧师,

高额的收费是必须的，只有这样，才能保证在减去所有成本之后还能有所收益。收费高，首先得手艺过硬，而这般手艺，得自全面的培训。想要靠这门手艺吃饭，至少得在高质量的工坊里学上一年，之后，再有一段时间的操练，才有可能尽快地做出能赚钱的优质作品，当然，前提是既能拿得到订单又能卖得出装帧完毕的书籍。

有些成功的装帧师，学徒不到一年就出道了，他们一定是在这方面有特殊的天赋。对那些不习惯做体力活的人来说，除了要学习技能外，还必须习惯不停地干活。装帧这项工作，比较适合受过良好教育的青年，沉得下心来在一个好的工坊里当学徒，而且还得拥有一点可支配的小钱。

除了装饰性装帧之外，还有很多需要特殊技能的装帧工作，比如早期印本书籍和抄本的维修装帧，或者是教区名册及账目的整装修订。

第二章

登记
书页
折叠
配页
拆页
重新折叠
敲缝

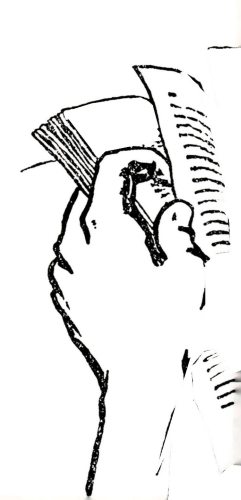

ENTERING 登记

收到一本需要装帧的书籍，第一步要将书名录入专门的登记册，然后记下收书的日期、顾客的姓名和地址以及顾客提及的任何要求，备注要写得详细，并留出足够的空间来记录各个工序所需要的时间以及材料的费用。最好是将这些记录编号，并给书本标记对应的编号。这些都要及时做出整理，并把任何特别之处都记录下来，比如需要清洗和修整的书页。如果书本确实不完整，或者存在任何严重的缺陷，那就应该在把书本拆开之前就和顾客沟通好。这点非常重要，因为书本一旦被拆开，即使有缺陷，也没法退还给书商了。如果在书本拆开之后才发现有问题，那么，装帧师就要对这些缺陷负责了。

BOOKS IN SHEETS 书页

刚印出来的书页，是成摞地堆在印刷厂仓库里的，每一摞都是同一印张，或者可以说是有着同一个折标。插图或地图是单独成堆的，要组成一本完整的书，要从最后一个印张开始,逆向从每一摞取一张,直到折标 A 的印张。如果从出版商那里直接订购页张,那么,装帧师收到的就是这样一沓书页。有些书是双印,也就是排两个版,页张的两端,同时印出书本里的同一页,这样的页张,需要从中间切开。这种双印方式,有时候用于标题页和简介页,也有可能只用于最后一页,出版商通常要求至少两本起卖。

收到之后,如果书页没有折叠,通常建议是马上折叠起来并按顺序摆放,扉页标题、标题、简介等等,如果还有插图,要和印出来的清单做个对照查验。

如果是新印的书有缺陷,例如书页上有污渍,出版商通常都会同意更换,但有时要等上很长时间。这种书页就是所谓的"瑕疵页",为了应对这类问题,印刷厂通常都会多印一些备用的书页,就是所谓的"替换页"。

折叠 FOLDING

收到的页张,要折叠起来,折叠时要细心,不然每页的空边会不统一,或者印刷线和书封对不齐。

我们听到的"对开""四开""八开""十二开"等叫法，指的是书本的不同尺寸，这些名称对应的是一个印张被折叠的次数，也就是一个印张上的书页的数量。也就是说，对开的尺寸，就是一个印张对折一次，形成两张书页，四个页面；四开就折叠两次，形成四张书页，八个页面；八开就折叠三次，形成八张书页，十六个页面（见图2），以此顺推。每个印张，折叠后就形成了一叠书帖，

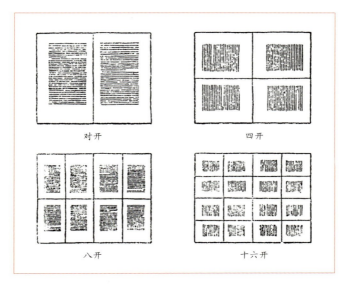

图 2

只有对开本除外，对开本通常是把两张或几张套插在一起，形成一叠书帖。

纸张的大小，有不同的名称，比如，"皇裁"（imperial，30英寸×22英寸）、"王裁"（royal，25英寸×20英寸）、"戴米裁"（demy，22.5英寸×17.5英寸）、"王冠裁"（crown，20英寸×15英寸）、"大裁"（foolscap，17英寸×13.5英寸）等等（见第二十章）。所以，一听到"对开皇裁"，或者"八开王裁"，就能推断出是什么尺寸的页张被折叠了几次。

除了传统的尺寸，现在的印张可以是任意的长度和宽度，书本的尺寸也因此变得非常随意。至于对开或四开等叫法，已经不再是传统上的意思，而是被用来表示书页大致的尺寸，不一定是一个印张里的书页数了。

以八开本为例，收到需要折叠的书页时，成摞的页张要平铺于桌面，按每一页上的标记字母或折标排放。正文第一页的折标通常是B，因为A页上通常印着扉页标题、标题和简介等，需要不同的折叠方式。

外页面，也就是通常标记着B、C、D等字母的，要朝下摆放；而内页面则是朝上的，如果有第二折标的话，

B2、C2、D2等内页面的折标位于页面的右下角。

图3是八开页张的示意图,从第一页开始,右手持折纸刀,放在页张下部的中间位置,用左手拿起页

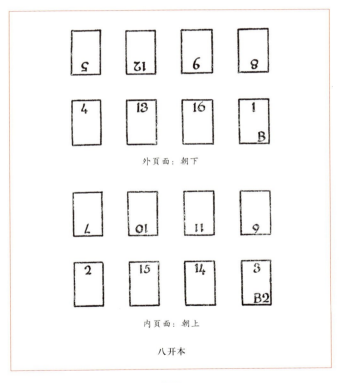

图3

张的右上角，折叠过来，这时，第 3 页和第 6 页正好在第 2 页和第 7 页的上面。在第一行和图都完全对齐后，左手不动，用折纸刀压出中央折痕，再沿着折痕裁开，稍过中间线；现在，第 4 页、第 13 页、第 5 页和第 12 页在最上面了，把第 12 页和第 5 页折过去，覆盖在第 13 页和第 4 页上，完全对齐，折叠后再裁开稍过中间线，跟之前一样；现在，最上面的是第 8 页和第 9 页，再次对折之后，这一书帖的页码就按序排列了。如果每次折叠都很仔细，而且页张的"套准"精确，那么，整本书上每一页的第一行应该都是完全齐平的。

之所以每次折叠后裁开要稍过中间线，是为了避免多张书页同时折叠时，会在顶边形成不甚雅观的褶皱。

十二开的页张铺排如图 4 所示。

第 10 页、第 15 页、第 14 页和第 11 页这几张插页要先裁下来，剩余部分折叠方式同八开页张，插页单独折叠后，插入八开部分的中间。

其他尺寸的页张，折叠方式基本上也都差不多，一旦熟练掌握了一种尺寸的折叠技巧，其他尺寸也就不会有问题了。

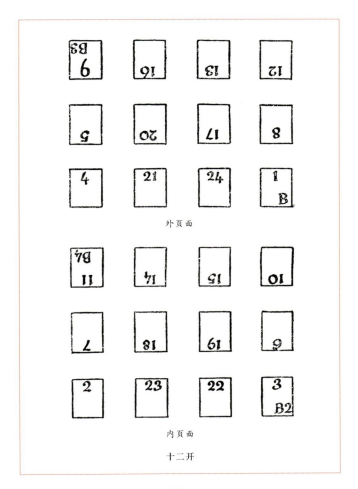

图4

全页插图通常需要进行裁切，这时就要用到一定的判断力。原则上来说，插图页经裁切后，插图应尽量和对页的文字对齐。如果不可能做到，那么可参照图2所示（对开）的空白比例，也就是说，书脊处空白最少，书顶处略多，前口处更多，书根处空白最多。如果插图是页面居中的小幅肖像或图表，那么，将它从正中略微移往书脊的同时，稍稍靠上方一点，会取得更好的视觉效果。

没有标注数字的插图页，必须按照插图表中的顺序排列，或者按照"装帧师注意事项"中的要求来排列。扉页标题、标题和题词等内容通常印在单数页上，组成了书帖A。这些序言类的内容，排列顺序如下：扉页标题、标题、题词、前言、目录、插图目录或其他目录。如果有索引，应该放在书的最后。

所有插图页，都要裱衬上"保护条"，任何"四开张"，也就是那些只有两页的书帖，也同样需要在脊部贴上"保护条"以增加强度，不然的话，在缝书的过程中很容易被撕裂，对散页和单页也应采用和插图同样的保护措施，添加保护条的裱衬。

书页折叠好之后,接下来就要压平。

有时候,书页上会打个星号,表明这些书页有问题,应该去除,印刷厂需要提供正确的书页来替换它们。

COLLATING 配页

除了页码,一本书的每个印张或书帖都有字母和数字的记号,它们是印张的标记。印刷厂通常不会用J、W和V做标记。如果书帖数超过字母表中的字母数,单个字母用完后,就会用到双字母,比如AA、BB等;有的印刷厂会在书帖字母前加个阿拉伯数字,成为第二套字母表,比如2A、2B等;还有的会改变字体,比如第一套用大写字母,第二套用斜体字。如果印张用数字来标记,那么这些数字肯定是按顺序排列。如果是超过一卷的丛书,那么卷数通常会用罗马数字来标记,比如IIA、IIB。

一本书的主页一般从第一章开始,之前的页面会用罗马数字单独列出,标题或扉页标题页一般没有页码,但如果从第一个出现页码的页面往回翻,就会发现其实它们已经包含在内了。

有时候,在书帖的开始和结尾,会有一页或多页空白页,它们是完整书帖的组成部分,这些空白页必须保留,否则这本书就有"瑕疵"了。

图 5

为一本现代书籍配页时，一定要查看页数，以保证页面顺序的准确，没有缺陷或缺页。

检验的方法是，将右手食指探入大约第五十页的下方，手指一钩，书角带起，拇指放在第一页上，一抿，书页的上部就会扇形展开，于是，左手的拇指和食指就能轻松翻页（见图5）。用这种方式，五十来页一次，重复进行，翻查整本书。当然，只需要检查奇数页，如果奇数页没问题，那么偶数页自然也不会出错。如果页数印在书根部，那么就要在顶部把页面展开。

未标注页数的插图或地图，只能对照印制的清单来检查。检查的时候，如果在页面的背后用铅笔做个小小的记号，能节省不少时间。

早期的印本书籍或抄本通常都没有页数，配页时，就要用到专门的知识。大致上来说，如果所有的书帖都是完整的，也就是说，每叠书帖中的书页数目都相同，那么这本书可以说是完整的，除非缺失了整叠书帖。所有没有页数的书籍，在拆开之前，最好是用很细的铅笔在左下角标好页数，只需要标记在书页的正面。

拆页　　　　　PULLING TO PIECES

配好页之后，下一步是拆页，也就是说，要把书帖分开，所有的插图或地图都要拆开。

如果原书的书绳头是系在封板上的，必须剪断，同时把书脊撕下。有时候，撕下皮面后，胶水也几乎都被带下来，光光的书脊上只剩下缝线。但更多的时候，书脊上还残留着大量的胶水、麻布或纸条，在不损伤书帖的情况下，这些残留物是很难彻底清理掉的。用一把锋利的刀顺着书绳切，就能把缝线切断，抽掉书绳，这时，书帖之间就靠胶水粘连着。书线被抽掉后，找到每一叠书帖的起始折标，再用一把薄折纸刀从这里把书帖分离开来。如果干硬的胶水和皮面使得书脊太硬，上述的方法不管用，可以把胶水和浆糊一起浸泡，泡软了之后，再用折纸刀刮去。但是这个方法很容易损伤书脊，除非是万不得已，不建议采用。浸泡时要小心，不要让水分渗入书本，否则会留下很难看的水渍。趁着湿软的时候，赶快把书帖拆开，不然胶水再干以后就会变得更加硬。拆开的书帖要小心叠放，以防湿胶水弄脏书页。

所有粘上去的插图或单页,都要剥离下来,小心一点,通常可以直接轻轻地撕开。但如果粘得太牢,就要在水里浸泡一下,插页是水彩画的话,就不能用这个方法了。如果必须要用水浸,那就把书页和粘在上面的插图一起放入盛有温水的盘子里,直到泡开分离。趁着还在水里,用一把软刷,很容易就能把剩余的浆糊清除干净。有一点必须注意,不要把印在所谓"艺术纸"上的现代书浸在水中,这种纸经不起折腾,一湿掉就完全废了。越来越多的重要书籍在使用这种纸张,成为装帧师必须面对的头号麻烦。经过多重处理及上光的重磅插图纸,纸面很容易脆化,因此贴在上面的保护条也很容易随之脱落,同时脱落的还有纸面。更麻烦的是,如果插图被手指或别的东西染上污渍,没有任何方法能清除。如果边角卷起来,就会断裂,边角就掉了。专家的意见是,这类重磅的艺术纸无法保存很长时间,冲着这个理由,就不该用这种纸张来印刷具有永久价值的书籍。可是印刷厂喜欢这种纸张,因为使用便宜低档的模版,就能在这种纸上印出漂亮的图案。

那些用机器缝订的批量书籍,采用事先做好的精装封壳，书顶和书根往往会开裂，甚至有可能一直开裂到环针结处。如果要花血本重装这类书，这些地方就需要彻底修复，不然胶水会渗入这些裂口，书本打开时，就会感觉很僵硬。

有些书是用镀锡铁丝书钉订在一起的，这种书钉很容易生锈，书本都被那些圆形棕色锈斑糟蹋了。通常，这些印迹必须切除，切除的地方要仔细修补。这个过程很长，因而成本也很高，如果有可能，跟出版商再买一套尚未装帧的书页，胜过浪费时间去弥补由布面装帧所造成的损害。

通常情况下，事先做好精装布面封壳的现代工业装帧法对书本造成了极大的损害，这些受损的书籍已经不适合拆散重装，给予更为永久性的手工装帧，除非投入海量的时间。非常可惜的是，对于那些具有永久文学价值的书籍，出版商没能取用优质的纸张，印刷一定数量的未加装帧的书页，以供给那些需要永久性装帧的客户。如果有这种未装帧书页的话，插图页靠书脊处最好能留下足够的空白，这样装帧师可以将其折叠，形成所需要的保护条。如果插图太多，保护条可能会使书本过厚，但如果全书插图不超过十二张,而且印在不是太厚的纸上,那就很有优势了。

有些插图很多的书,插图会被裁成单页,在书脊处涂上一层橡皮液,把它们粘在一起。在短时间内,这样的书本翻阅起来很舒服,很方便打开,但过不了多久,橡皮液老化,书页和插图就散架了。重新装帧这类书籍,所有的书页和插图都要在书脊处修薄,然后装上保护条做成书帖,这个过程很麻烦,成本也很高。装帧师一般会使用锁边缝的针法,缝线绕过书页的边缘进行包锁式样的缝订,这样的处理简单快捷,但书脊会异常地硬,很不容易打开。

REFOLDING 重新折叠

需要重新装帧的书籍,原先的页张如果折叠得很潦草,这时最好能做些矫正,尤其是那些没有被裁开过的书本。如果发现标题页和扉页标题没有对齐,这次一定要重新对齐。矫正折叠时,可以把相对的书页对着灯光查看,直到一页上的印字完全和另一页上的重合,然后

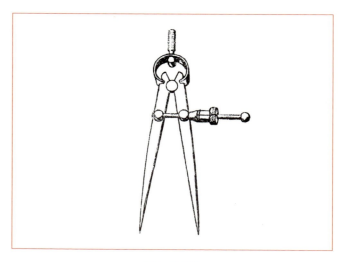

图 6　双脚规

折出折痕加以固定。用一把双脚规（图 6）量出页顶部空白的最窄宽度，在其他页面上画出从第一行往上的同等距离，再用一个木工直角器靠住折叠的书页脊，一对书页的顶部就可以平整地裁掉（见图 7）。如果书本是已经被裁开过的，那么这样的做法会使得页面更加偏离原来的位置，因而变得很不整齐。

如果印刷本身的"套准"不精确，也就是说，书页正反面的印字本来就不齐，那么精确的折叠是不可能的。

歪扭的插图通常需要用谨慎的裁边来调正，宁可让插图的根部或口部短掉一点，也比歪着要好。

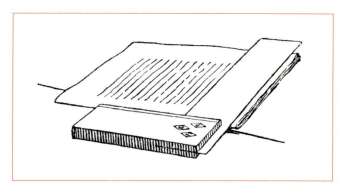

图 7

KNOCKING OUT JOINTS　　敲缝

起脊过的书帖，旧缝接处要敲平。敲击时，每次用左手紧握一二叠书帖，置于横压机的敲击锤之下。非常重要的一点是，锤面必须正好平击在纸上，不然纸会被敲碎。敲击锤应该用纸包起来，锤面必须保持清洁，不然书页会沾上污渍。

第三章

粘贴保护条

折叠式插页

削薄纸页

泡洗摹拓纸插图

托裱超薄纸

分离纸

嵌页

整平犊皮纸

GUARDING 粘贴保护条

保护条是细长的薄纸或亚麻布,用于裱衬受损的书帖,以增加页张强度,或者用于附着全页插图及单张书页。

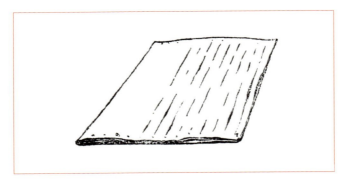

图 8

保护条的取材应该是优质薄纸,简易裁切的方式如图 8 所示,按照所需保护条的长度,取来两三张保护条用纸,折叠后,右角钉在板上。再根据所需保护条的宽度,在纸张的上下方各定几个对应点,然后用刀沿着直尺划过这些点,但不要划过纸张的两端,再在下方横划一刀,这样保护条就只在上方连在一起（见图9），要用的时候就撕一条下来。这个方法可以防止纸张在被裁切的时候产生移动。

图9

裁切保护条，最趁手的工具是裱画师用的美工刀（见图10）。

持刀沿直尺裁切的时候，大力按住直尺，下刀不必太使力。

修复受损的对页脊部时，选取一条比书页高度略长的保护条，均匀地涂满白浆糊（见第二十章）。如果这对

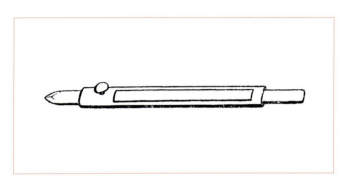

图10　裱画师的美工刀

书页还没有完全分离,可以捏住上了浆糊的保护条两端,直接贴在书页的损坏处,上面覆盖一张吸墨纸,隔着吸墨纸轻揉。如果这一页已经裂成两半,那么最好是先把上了浆糊的保护条放在一块玻璃上,把一页的裂边放上去,再对上另一边,然后轻轻抚平。

外侧对页的保护条,应该贴在对页的内侧,这样浆糊才能渗入不平整的边缝;而内侧对页的保护条,应该贴在对页的外侧,不然会在缝书时造成麻烦。上了浆糊之后的保护条,注意不要拉伸,否则浆糊一干,书页就会跟着回缩起皱。

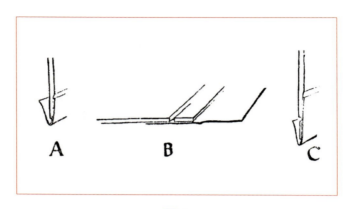

图 11

全页插图要和相邻的书帖一起加保护条,如果插图数量众多,那么需要粘贴保护条的部分必须削薄一点(见图 11A),不然的话,每张都贴上保护条之后,书脊部分就太厚了。给插图贴保护条,可以好几张同时涂上浆糊,把插图一张张叠起来,每张的脊部留出约八分之一英寸的宽度,最上面放一张折过的废纸以保护页面(见图 12)。涂浆糊时,刷子只能从上往下刷,绝不能反过来刷,不然浆糊侵入插图之间,页面难免污损。保护条通常贴在插图的脊部,还要留出足够的宽度,覆盖住相邻书帖的

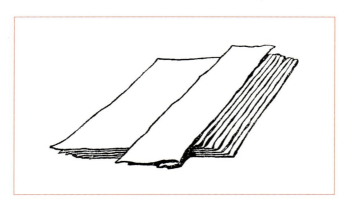

图 12

脊部，让缝线穿过。如果插图位置在书帖的中间，最好是把保护条反折过来，粘在书页的内侧，之后就可以正常缝订了。

如果插图很厚的话，就需要有合页，如图 11B 所示。具体的做法是，将插图页的脊部切下四分之一英寸宽的一条，在用宽条亚麻布做成的保护条上，贴上切下的纸条和插图，两者之间留出一条细细的缝，这就形成了合页。如果将插图削薄一点，再将切下来的纸条用薄一点的纸条代替，那么书脊还不至于过厚（见图 11C）。如果插图是很厚的卡纸板,那么它的两面都需要贴上亚麻布保护条,甚至有可能需要多做一个合页。

如果是一本全部由插图或单页组成的书,必须先加保护条,然后做成书帖正常缝订。如果是一本有很多插图的书,那么插图通常会两张一起被粘贴成为书帖的中部,或者安置于同一对页的两侧。这样的两张插图要用保护条连在一起,如同折叠后的对页(见图13)。

为确保贴了保护条后的书页有正确的排列顺序,最好按以下计划安排书帖,并在贴保护条的时候对照此计划来查看每张对页。

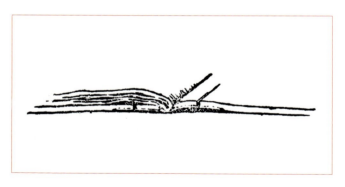

图13

因此，如果一本书的每叠书帖有八页，如果把页数标出来，那么，贴了保护条的对页页码就一目了然了：

1，3，5，7，——9，11，13，15

首先，最里面的对页，第7页和第9页，共享一条贴在外侧的保护条；之后的对页，第5页和第11页，第3页和第13页，最后是最外面的对页第1页和第15页，保护条都应该贴在内侧。整本书的计划，如下列出更为简便：

1-15	17-31	33-47
3-13	19-29	35-45
5-11	21-27	37-43
7-9	23-25	39-41

等等。

如果是给单页书加贴保护条，简易的方法是，选取想要组成书帖的页数，从中间打开，将相对的单页用保护条一一贴成对页。

一叠书帖的页数，取决于纸张的厚度及书本的尺寸和厚度。如果纸张很厚，书脊处已被削薄，那么四页一叠书帖比较合适；但是，如果纸张已经较薄，没法再削，那么书帖的页数多一点更好,尽量让书脊上用的缝线少一点。

贴上保护条的书页,在缝订之前应该加以平压,以减少保护条所增加的书脊厚度。

折叠式插页 THROWING OUT

在书本的正文中,经常会用到地图和图表等折叠式插页,它们所需要的保护裱衬必须与书页一样宽。这种地图一类的插页,最好是放在书的最后,便于摊开,做阅读时的参考(见图14)。大张折叠起来的地图或图表,应该用亚麻布做保护裱衬。首先,取一块薄布,平铺钉在板上,在地图背面均匀地刷上薄薄的一层浆糊,不能有结块。之后,将上了浆糊的地图放在布上,覆盖一张吸墨纸,隔着吸墨纸轻揉,晾干。浆糊必须刷得很均匀,不然浆糊的印痕就会透过薄布显出来。如果折叠式地图印在很厚的纸张上,那么每一折都要裁开,再把裁下的每一块依次贴到裱衬薄布上,相互之间留出细缝,以便于折叠。

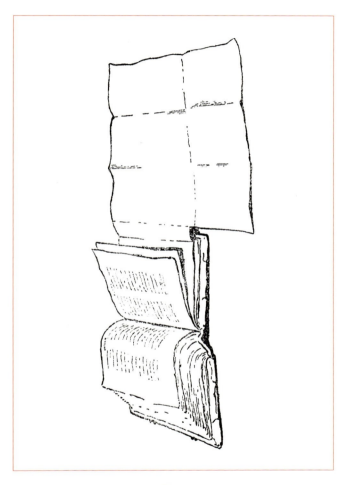

图 14

图 15

有折叠地图插页的书本,需要在书脊处添加保护条,其厚度应与地图折叠后的厚度一致,否则装订之后的书本就不能正常合上(见图 15)。

削薄纸页 —————————— PARING PAPER

在修复或贴加保护裱衬时,有些纸张会需要削薄纸边。方法是先拿一把非常锋利的刀,刀刃和盖板的边成直角,从左到右在上面划一两下,这样刀刃就会形成毛口,削纸时，毛口刀刃和纸几乎平行。把插图或纸页的正面朝下放在玻璃上，要削薄的一边朝外，右手拿刀，毛口朝下。拿刀的角度取决于刀的形状以及纸张的厚度和材质，只有通过多次实践才能掌握。如果刀合适，拿刀的角度也合适，从纸的直边上削出的部分会卷起来形成一条长长的刨花；如果刀不合适，纸边就会被弄得毛毛糙糙，或者皱皱巴巴。

SOAKING OFF INDIA PROOFS 泡洗摹拓纸插图

摹拓纸是一种原产于中国和日本等地的用植物纤维制成的薄纸，但因为早期误传为印度所产，故也被称为印度纸。摹拓纸插图应该是印在摹拓纸上的插图校样的第一稿，但现在通常也指所有印在摹拓纸上的插图。

在一盘温水中，放入一张充分上过浆的强浆纸，把原先托裱过的摹拓纸插图正面朝下没入水中，置于强浆纸之上浸泡，直到托裱浆糊泡软化开，摹拓纸插图脱落。小心地移走托裱，这时用强浆纸兜住摹拓纸插图，从水中起出，夹在吸墨纸中间吸干。

托裱超薄纸 —————— MOUNTING VERY THIN PAPER

像摹拓纸这样特别薄的纸，可以按以下步骤，安全托裱：准备好的衬纸，先铺在一叠吸墨纸上。待裱的薄纸正面朝下，铺在一块玻璃上。在薄纸的背后，小心地涂上一层薄薄的白浆糊，玻璃上溢出纸外的浆糊要用一块干净的布仔细擦去。然后翻转玻璃，把薄纸粘到衬纸上，透过玻璃可以看清薄纸准确的位置。

分离纸 —————— SPLITTING PAPER

有时候，只需要取用纸页一面的内容，或者两面所印的内容要被放在不同地方，于是就必须把一页纸剖成两半。把待剖的纸张两面都涂满厚厚的浆糊，贴上薄亚麻布后夹入压机，让布和纸张完全粘在一起，直到变干。

晾干后，小心撕开两片薄布，纸的两半就会各粘在两片薄布上——除非浆糊没粘住，那么纸会被撕裂。发生这种情况时，就要把布和相连的纸都浸泡到温水里，直到浆糊泡开，纸张分离。

INLAYING 嵌页

如果要把小型插图或单页收入大书里,最好的方法就是"嵌进去",也就是说,把插图或单页嵌入和书本一样大小的纸页中。具体可按以下步骤完成:选取一张和插图一样厚或比插图略厚的纸张,把裁切整齐的插图放上去,用折纸刀划出四个角的位置,在每个角往里约八分之一英寸处画一个点,把这四个点以内的纸切掉(见图16)。这样就形成了一个纸框,这时纸框的内边和插图的

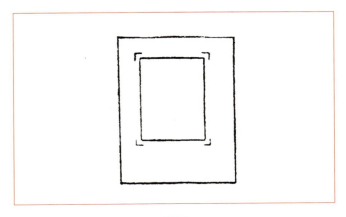

图 16

四边稍稍有点重合。然后，将插图下部的边角和纸框上部的边角各削薄一点，涂上浆糊，把插图放入纸框内（四个角要和折纸刀所做的记号对准）。如果边角削得刚刚好，那么重合的部分就不会超过纸框的厚度。即使需要嵌入的部分外形不规则，嵌页的做法还是一样，只是需要用折纸刀将不规则外形在衬纸上勾勒出来，再把往内约八分之一英寸的衬纸切掉。

整平犊皮纸　　　　FLATTENING VELLUM

因受潮等原因起皱的犊皮纸书页，可以用先浸湿、后拉平、再压着晾干的方法恢复平整。首先要把书拆开，将书页折缝间的灰尘清除干净，再把每对书页尽可能地铺开摊平。

将普通白纸用海绵浸湿后，夹以白色吸墨纸，一张普通白纸足以濡湿两张吸墨纸。把吸墨纸和湿纸一并放入压机，压上一两个小时，之后取出，移除普通白纸。

这时的吸墨纸均匀微湿，将摊平的犊皮纸对页和湿润的吸墨纸交替叠加，放入重压板下。约一个小时后，犊皮纸会变得很柔软，小心地抻平，夹入吸墨纸之间，施以轻压，过夜。第二天，犊皮纸页看上去非常平展，换上干燥的吸墨纸。犊皮纸在干透之前一定要一直压着，不然的话，一遇到空气，就会比之前皱得更厉害。吸墨纸每隔一两天就要换，犊皮纸干透所需的时间与环境气候及纸张厚度相关，从一周到六周不等。

这种有效的整平方式，几乎适合所有犊皮纸材质的抄本和印本书籍。纤细的犊皮纸上要先铺几张蜡纸，以防吸墨纸上的纤维沾上去。施压不必过大，能让犊皮纸在收干过程中一直保持平整即可。

这个整平方法虽然简单，但操作起来要非常小心谨慎。如果吸墨纸太湿，抄本可能受损；如果不够湿，又达不到整平效果。

第四章

上浆
清洗
修补

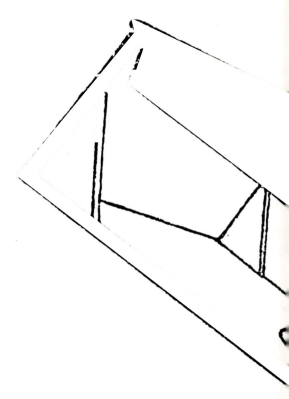

SIZING　　　　　　　　　　　　　　　　　　　上浆

旧书的页面，有时摸上去软软的、毛毛的，那多半是因为上的浆老化了，这种书纸重新上浆后就能光洁如新。

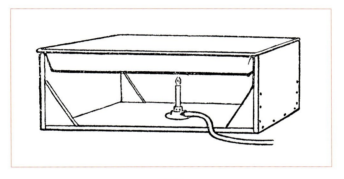

图 17

制浆时，取一盎司明胶或白明胶，溶于一夸脱水中，稍加热，成透明溶液。理想温度为 120 华氏度，小心不要加热得太快，免得烧煳，溶液变成棕色。如果浆液不够清透，就要用细纱布或亚麻布过滤了才能用。准备好之后，倒浆液入敞口平底锅中（见图 17），点煤气灯或酒精灯保温。一切就绪,一张接一张,把要上浆的纸往浆液里一放,马上取出。你会发现热浆液能化解书页上相当多的污渍,尤其是深棕色的水渍。如果需上浆的纸页不多,从浆液里拿出来之后,可以夹放在吸墨纸中间。如果是整本书,最好叠放成一摞摞,等都上完浆之后,放进横压机的压板之间挤压,下面放个平底锅接着挤出来的液体。挤完后,把纸页分开,平放在铺了干净白纸的桌面上。等它半干变挺,就可以晾起来了。在室内拉上绳子,一定要先用干净的纸片把绳子盖好,上过浆的书页可以略微重叠地挂在绳子上,上面再盖上干净的纸,以保持干净。

上浆之前,有必要将整本书通查一遍,如果有铅笔和灰尘印迹,可以用橡皮或面包屑擦掉,因为一旦上了浆,这些印迹就会被固定住,以后再想去除,就难上加难了。

书页干了之后,如果有任何破损,都要仔细修补,然后再折成书帖压平。机身稍长的轻量级压力机,比起滚轮压机这类短身重量级压力机,平整效果更好,对纸面的损害也更小。

有时会遇到受损非常严重的古籍，书页脆弱到再也经不起多碰了，给这种书页上浆，需要更浓稠一点的浆液，具体方法如下：取一张上过强浆的纸，如便笺纸，小心地把受损的书页放在上面。再取一张强浆纸，覆盖其上，将三张纸一并浸入浆液。揭开上面的纸，浆液便布满受损书页的正面。若再盖上上面的纸，小心地把它们一起翻过来，重复这个动作，受损书页的背面也布满浆液。这时将三张纸一起取出，夹在吸墨纸中间，吸掉多余的浆液。小心地剥开上面的那层纸，再把损伤的书页朝下放在干净的吸墨纸上，然后把背面的另一张纸也剥开，受损书页留待晾干。

下面这段关于白明胶的说法，摘自《钱伯斯百科全书》：

"白明胶的好坏，永远不能只凭眼睛来鉴定。

"它的纯度，用以下方式很容易测试：将白明胶用冷水浸泡，之后，浇一点开水上去。如果是纯的，会形成厚厚的、透明的、稻草色的无味浆液；如果不纯，就会散发出一种刺鼻的气味，浆液呈黄色，浆糊状。"

清洗 WASHING

书本上的污渍和墨迹,有时靠热浆液或热水还是去除不掉,在这种情形之下,就要用到更强力的去污方式了。在热水中加一点明矾,能消除很多污渍。还有一些污渍,如果正确使用肥皂、软毛刷和大量温水,也能消弭于无形。但是,总有些特别顽固的污渍,尤其是墨迹,需要特殊对待。清洗纸张的方法很多,最常用的却正是最危险的,很多时候会把一本好书彻底毁了。如果书页有非洗不可的理由,那么最保险的方法如下:取一盎司高锰酸钾,溶入一夸脱水中,稍稍加热。放入需要清洗的书页,直到书页变成深棕色,这个过程通常要等上一个小时,有些纸质可能需要更久。拿出书页,用清水冲洗,直到冲出来的水中不带一丝紫色。之后,泡入亚硫酸溶液中(注意,不是硫酸),溶液的比例是一盎司硫磺酸兑一品脱水。在这种溶液中,纸页很快就会变白,如果多浸一会儿,几乎所有污渍都会去掉。如果还有残留污渍,那么把纸页在清水中漂一下,再放入高锰酸钾溶液中,这次要放得更久一点,然后用清水洗净,再次浸入亚硫酸溶液中。纸页从亚硫酸溶液中取出后,要在清水下彻底冲洗一到两小时,用吸墨纸吸干或压干,再挂在绳子上晾干。任何经过这番处理的书页,都要再次上浆。如果只是书本的开头或末尾几页需要清洗,这种情况很常见——那就需要在浆液里加些颜料把纸色调暗一点,以达到和其余书页色泽统一的效果。用于调色的可取之材很多,低度的高锰酸钾溶液会留下淡黄色,和大部分书页颜色相符,其他的还有咖啡、菊苣、茶叶、甘草等等。不管用了什么,都需要过浆。为确保达到满意的色泽,可以拿一张没浆过的纸,比如白色吸墨纸,沾染调过色的浆液,吸干后再用火烘干,试验用纸一定要干透,否则就不可能准确地比对颜色。如果颜色不对,按需相应添加水或颜料。有了经验,无论拿到什么书,都能判断用什么颜料最相配。

清洗书页上的油渍,可以使用乙醚。在油渍周围绕圈倒乙醚,慢慢缩小圆圈,直到完全盖住油渍,然后用温热的熨斗隔一张吸墨纸进行熨烫。

由于乙醚具有易燃性和麻醉性,所以必须在通风良好的房间里操作。

把纸页放入浓度极低的纯盐酸溶液（浓度约百分之一）中，浸泡几个小时后也能去除一些污渍。纸页拿出来后，必须要用水彻底冲干净，很重要的一点是，盐酸一定要纯，而市面上的盐酸常含有硫酸。

以下方法摘录自法国藏书家及图书馆学家朱尔·库赞（Jules Cousin, 1830—1899）的著作《图书馆管理》(*De l'organisation et de l'administration des Bibliothèques*)：

"书页上泥渍的去除方法是：在有污渍的地方均匀地抹上一层半固体的肥皂浆，根据污渍的程度，放置三十到四十分钟。之后，书页蘸清水，摊到非常干净的桌面上，用一把猪毛刷或一块细海绵，轻轻地把肥皂浆刷掉，所有泥渍也会随之被刷掉。把书页再放进清水中，洗掉残留的皂液，滴干，夹入两张吸墨纸中轻轻压平，最后晾于干燥处慢慢阴干。

"去除油脂、硬脂等留下的污渍：在纸页上放一张吸墨纸，用温热的熨斗平底在上面过一下，吸墨纸会吸出污渍。换一张吸墨纸，重复以上操作，直到污渍完全清除。然后，用刷子沾点滚烫的松节油，在纸页污渍处的两面都刷一下，再用沾了温热纯酒精的细亚麻布拭擦，书纸的白色底色就能返出来了。这个方法也可以用于去除封蜡污渍。

"去除油渍：取500克肥皂、300克黏土和60克生石灰，加足够的水搅拌成稠度合适的混合物，在油渍上覆盖薄薄一层，放置约一刻钟后把书纸放入热水盆中蘸洗，去渍后取出，慢慢晾干。

"以下方法通常用来去除手指印渍：

"手指印渍有时候很顽固，但以下方法还是很管用的：先涂一层半固体的白肥皂浆，放上几个小时后，用一块沾了热水的细海绵将皂浆拭去，大多数情况下印渍会一同消失。如果效果不够好，可以用软皂代替肥皂浆，但要小心的是，放在印字上的时间不能过长，不然印墨分解溢开，那就得不偿失了。"

古籍书页上显现其历史的污渍最好是留着别动，除非用热水和上浆就能去除的，虽然几乎所有的污渍都能被去除，但书页在变干净的同时很容易丢失它原有的特点。

修补

MENDING

要修补旧书里撕坏的页张,必须先找到尽可能接近旧书的纸张。出于这个原因,装帧师习惯上会收藏不同的旧纸。如果实在找不到相同色泽的纸张,那么可以取用相近纹理和材质的纸张,染成相称的颜色。

假设书页缺了一角,找来一张与书页相同的纸张,把撕坏的书页放在这张新纸上,对齐纤维的走向。用折纸刀的刀尖沿着撕掉的边划一条线,在新纸上留下痕印,沿痕印外约八分之一英寸处裁下新纸,然后仔细地把纸削薄到痕印处,旧纸的边缘同样也必须削薄,这样两张纸重叠后,厚度就不会超过原来纸张的厚度,最好是让边缘处多重叠一点。在两张纸削过的边缘处都仔细地涂上白色的浆糊,用两张吸墨纸夹住抹平。为了保证交叠处绝对干净,不要用手触碰涂了浆糊的纸边,修补纸、刷子和浆糊也必须保持绝对干净。

在整张书页被撕坏的情况下,如果边缘还有些许重合,可以直接把它们粘在一起,再用一小片削薄的纸条,在裂痕的尽头处，将书页的边缘加固一下。如果撕过印的字，也没有重合的边缘，那么可以用削薄的纸剪成极细的小条，在印字的行间，跨撕痕粘贴。也可以用最薄的日本纸，沿撕痕粘贴，这种纸张几乎全透明，完全可以直接覆盖在字迹上。不管采用哪种方法，书页的边缘都要额外用纸加固。如果书帖的脊部损坏严重，就必须整个加上保护条；又或许有小破洞，要用扯碎的细纸条来填补。小心地用有毛口的锋利刀片刮擦修补过的边缘，然后再拿用过的细砂纸或墨鱼骨片轻轻打磨，一定要注意不要擦磨得太多，尤其是不要损伤书页边缘的修补处。新的修补纸按照惯例应该粘在书页的背面。

书页上的蛀虫洞，有时候会认为有必要填补一下。做法是，把纸张放在浆液中烧煮，直到变成纸浆，取出一点点，填入蛀虫洞，纸张可以被修复。但是，这项工作非常费事费时，通常不值得做。

犊皮纸和普通纸的修补方法差不多，只是重叠部分必须多留一点。而且最好在修补过的两端用丝线再缝合一下，因为光是靠浆糊可能没法牢固地粘住犊皮纸。用

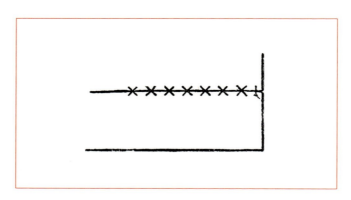

图 18

刀片把重叠部分尽量刮得毛糙一点,更利于浆糊的黏合。撕裂的犊皮纸最好是用细丝线以十字针缝合(见图18)。

修补工作最好是在一块边角都打磨过的玻璃上进行。

第五章

环衬

皮革接缝

平压

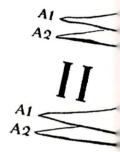

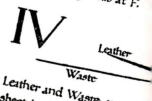

5

D

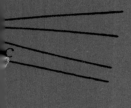

Paste down

and a folded
both E and F.

C

ENDPAPERS # 环衬

  如果仔细查看一本被翻阅得很旧的书，通常会发现，开头和结尾书页的损坏程度，要比中间书页严重。因为这个原因，同时也为了方便那些喜欢在书本上记笔记的人，最好在书心的前后多加几张空白页，也就是环衬和扉页，以尽量减少对书本的损坏。这些空白页是装帧的一部分，要起到保护书本的重要作用，必须采用优质纸张。书本经常在打开之后被挪来挪去，所以，不管有没有环衬，要保护好首尾两个书帖总是最困难的，人们也尝试过很多不同的方法来弥补这个缺陷。在15世纪，书脊和封板内侧间会粘贴上犊皮纸（通常是从抄本上裁下来的），有些就用犊皮纸包裹第一个和最后一叠书帖，再贴到封板上。更为现代的方法是用"锁边缝"的针法来包锁第一叠和最后一叠书帖的脊部，但效果很不理想，甚至让人反感。因为经过这样处理的书，书页就无法完全打开了，而原先保护书本的目的并没有达到，仅仅是将压力转移到了包锁过的书帖上。

  为了尽量减少打开书本时给封面及书心连接处带来

的压力，最好能使用如图 19 所示的环衬的结构，这种环衬内侧是个之字折，受拉力时会稍微打开一点。

这种环衬的制作方法如下：取一张对折后比书本略大的纸，用双脚规在离折痕八分之一英寸处做两个记号，把要粘上去的纸 B1 和 B2 粘到这两个记号处（见图 19II），等胶水干了，把 A1 面折叠过来，A2 面朝另一个方向折叠，折成图 19III 的形状。再拿一张和 A 一样折叠的纸插入到 C（见图 19V 的 H），缝线从这里穿过。粘贴时，把 A1 撕掉，将 B1 粘到封板上，成为环衬。如果要使用大理石花纹纸做环衬，那么花纹效果要事先加工好，需要时再把花纹纸粘贴到 B1 上面。

大理石花纹纸的厚度给人一种错觉，以为能增加装帧的强度，其实用它来做环衬有很多弊病。这些后加工的大理石花纹纸很硬，用在小开本书上，会带来不少麻烦。除非纸张的质地柔韧耐用，否则没有任何理由采用大理石花纹纸，大部分大理石花纹纸的质量都太差了，根本不适合做环衬。对于大多数书本来说，高品质的本色纸就非常适合做和封板贴合的环衬。

等一本书的前期装帧工序都完成之后，再粘贴环衬，

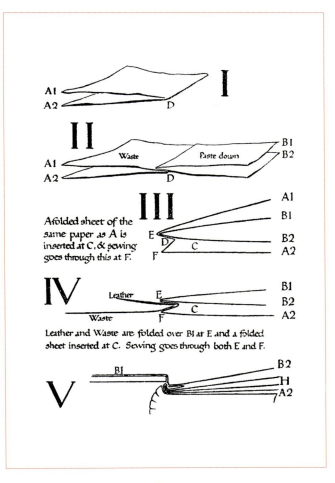

图 19

这种方法是错误的，因为这时添加环衬已经没有多少实用价值了。上面描述的环衬中的每一页，都能直接打开到书脊，之字形的结构能对被拖拽的书封形成缓冲。

做环衬的纸张，上面可以有些简洁常见的图案，画的或是印的都行，比如覆盖整页的枝丫，比如错落有致的星星和小圆点，等等，看上去就很舒服。用过于花哨的纸张做环衬，尤其是还想追求绘画效果的，反而多半不理想。

环衬可以用薄的犊皮纸来做，这种情况下，如果封板不是很重的话，书心和书脊之间最好用皮革做接缝。

使用单张犊皮纸做环衬时（见图19，取代II中的B1和B2），应该将一边折叠，夹进之字缝中，贴着皮面缝好。犊皮纸的环衬一定要用线缝合，因为单靠浆糊的黏性不一定够牢固。犊皮纸美观大方，还可以烫压一些图案增添质感。但犊皮纸也有缺点，遇热就会卷起来，一旦收缩，又会过度地拉拽书面封板。大开面的抄本或是印在犊皮纸上的书，装帧时通常会使用木制或其他厚重的封板，封面封底以扣环扣紧，它们的环衬可能用更厚的犊皮纸制作，浅棕色的最好看。书心书脊相连的连接处需要用刀削薄一点，之字形的部分可使用日本纸。

丝绸或别的精细织物可以用来做环衬，但书心书脊的接缝处最好还是用皮革，粘贴在环衬的第一张上（见图19 II的B1），和书心书页一起裁切。环衬切后烫金，粘贴金页所用的蛋白胶能防止织物边缘松散。将丝绸粘贴到纸上，最好就是薄施一层胶水。胶水是涂在纸上，而不是丝绸上。涂在纸上的胶水，既要做到足以将丝绸全部粘住，又不能弄脏丝绸，这个需要多练习几次来摸索经验。丝绸粘到纸上之后，轻压待干，如果放到压印机里猛压，胶水就会挤出来弄脏丝绸。

如果所用的丝绸质地非常轻薄，或颜色很娇嫩，或边缘看起来很容易脱线，那么最好是用一张比书页稍小的纸，将丝绸的四边反折到纸的背面，用胶水粘贴上，这样就形成一个丝绸垫，可以粘贴在环衬的第一页，也可以用同样的丝绸垫粘贴在封板上。

丝绸在使用之前要先湿润一下，在反面烫平。

丝绸环衬让书看起来很有质感，但也不是十全十美。如果丝绸只是粘在环衬第一页上，用多了之后，边上通常会磨损起毛，如果把边折进去，显得太厚看着又不舒服。

皮革接缝　　　　　　　　　　　LEATHER JOINTS

书心书脊交接处的皮革接缝是连接内缝的薄皮料（如何削薄皮料，见第十二章），它们不会给书本增加多少强度，但会使书封内侧更为美观。

如果要采用皮革接缝，那么环衬就不需要 A1，在皮革的边上涂上浆糊，插入 D，用一张普通纸做保护（见图 19IV），等浆糊干了，把皮料折过 E。

可以在废页内侧粘上一张吸墨纸，留出足够的空间，插入皮革接缝和环衬的第一页之间，这样能保证皮革接缝在装帧时不会弄脏环衬。粘上皮革接缝之前，吸墨纸和废页都是要拿掉的。

接缝也可以用亚麻布或布来做，方法同上。布质接缝一般比皮质的更结实，因为为了让书封正常合上，皮革必须要削得很薄。

用皮革或布料做接缝时，缝线要穿过 E 和 F。

PRESSING

平压

在制作环衬的环节中,应同步进行书帖的平压,方法是:拿一块比书本略大的压板,上面放一块用普通纸张包裹着的锡板,然后放上几叠书帖,书帖上再放一块纸包锡板,然后再放几叠书帖,这样叠加上去,注意书帖要完全对齐(见图20)。在最后的锡板上放上另一块压板,把所有这些书帖、锡板、压板放入立式压机里压一整天。新印出来的插图,在平压的时候,要用薄棉纸保

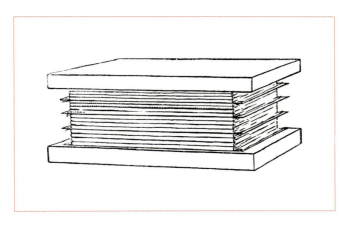

图20

护一下。折叠的插图和地图，或者加插的书信等，不需要平压，但如果要平压的话，上下两边都要放上锡板做隔离，防止相邻的书页被它们压出印痕。

手工印刷的书籍，例如像凯尔姆斯格特私家书坊（Kelmscott Press）的出版物，平压时要非常轻柔，不然字的印痕和纸的表面都可能被损坏。印在犊皮纸上的新书，或浓墨重彩的绘画，绝不能被平压，否则印迹可能会移蹭到别的页面上。

印刷已经超过一年的插图，上面那层薄薄的保护纸，如果没有印着插图的标题，通常就可以取出不再需要了。这些薄纸令人讨厌，很容易就变得皱巴巴，在书页上留下痕迹。

为了让书本变得紧实，也就是说，让每一张书页都平整且互相贴紧，过去的传统是把书放在"书石"上，重锤敲打。如今这道工序已经被滚压机取代，市面上有多款高品质的压机，其简单的平压功能，即使对于"特精级"装帧师来说，也已经足够了。

图 21 是一台铸铁的立式压机，先用一根短杆将压板旋转下去，最后再用长杆施加压力。这样的压机简单

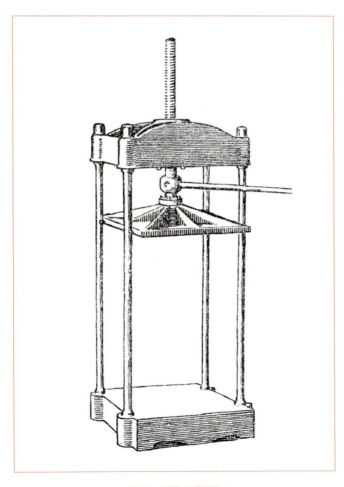

图 21 铸铁立式压机

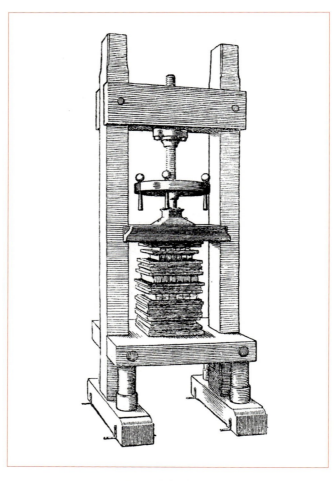

图 22 法式立式压机

有效，但长杆非常占地方，而且底座要很稳固，不然操作时可能会翻倒。

图 22 是一台法式立式压机，通过一个重轮盘施加压力。首先，转动轮子，旋紧螺杆，再敲打增压。我发现，这台机子基本上能满足装帧中所有的平压需求，施压力度堪比铸铁立式压机，但对底座和人手没有额外要求。

还有很多其他的高力度的平压方式，有些借助于齿轮、螺杆和杠杆等不同介体，还有些通过液压的方式。

第六章

缝订之前裁切书口

书口烫金

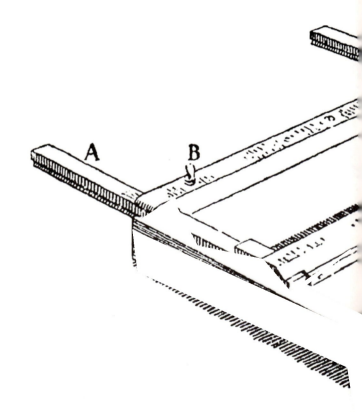

6

TRIMMING EDGES BEFORE SEWING

缝订之前裁切书口

　　拿到印刷厂出来的书页,处理书口有不同的办法,第一种选择是完全不裁切,第二种选择是在缝书线前切齐,第三种选择是装好封板之后再切(见第十章)。

　　早期印本古籍和抄本,绝对不该切书口,有价值的现代书,最好也就是在缝书之前稍微裁切一下,烫个金。但是,需要精良装帧的参考书,因为要能承受日常使用,最好是在装上封板之后再切口,光滑的书口能让翻书容易些。烫金的顶口和毛糙的书口搭配在一起,整本书的外观就不够均衡协调。

　　如果书口保留不裁切,或者准备用犁刀在装好封板后切口,那么从印刷厂一拿到书就可以开始做标记了。但如果是要在缝书前烫金,那么就要先切书口。

　　和环衬及所有插图一起切口的书页,必须先用木工直角器将书页顶部切平(见图7),然后把一张书封用纸板切成需要的大小,最好把书页、书帖都按这个尺寸裁切。方法是:通过一块草板,在盖板上钉三枚钉子,将书帖的脊部沿着钉子1和2往上移，直到上口碰到钉子3（见图23）。书封板也这样移动到位，超出书封板外缘的就切掉。如果下面的草板被切坏了，挪动一下下面的钉子（1），切垫又是新的了。图24是我的工作坊里用来裁切的简单机器的图样，ＡＡ边可以调节成任何需要的宽度，用旋钮ＢＢ固定，包铜的直边Ｃ卡在ＡＡ两边之间滑动，调节它

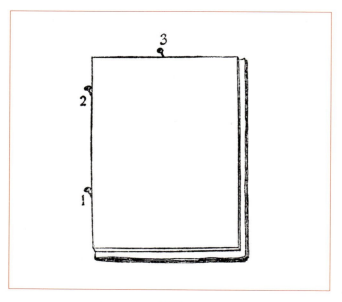

图23

和 ＢＢ 间的距离，任何尺寸的书都可以裁切。这台机器一次可以裁切数叠书帖，所花时间并不比用犁刀切口多。

切口的时候，需要做考虑周全的判断。之前未曾切口的书，原则上只裁切大书页的边，不要动小书页。这些没裁切过的书页叫样张，精装本中保留的样张证明书页没有被随意裁切过。

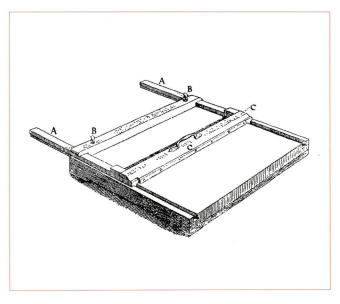

图 24

在给切好的书口烫金前,没有裁开的折叠页都要先用折纸刀裁开,如果在烫完金后再裁,会留下不平整的白边。

书口烫金 EDGE GILDING

准备给裁切过的书口烫金之前,先要把书页"敲到"前口,尽可能把窄书页边都推到与前口齐平。然后,两面夹上烫金板,放入横压机夹紧(见图25)。如果需要,

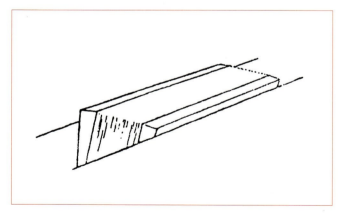

图 25

可以用细砂纸再将书口打磨一下，保证清除掉所有手印和纸屑，书口就顺滑得可以烫金了。如果书页的纸张吸水性很强，那么书口必须先用犊皮纸浆液洗一洗晾干。

下一个步骤是涂红垩粉。将烫金专用红垩粉条沾水，放在石板上研磨，制成稍厚的软糊。用一把硬刷蘸糊，刷在书口上，注意控制水分，以免渗入书页之间。也有些人喜欢用石墨，或者混合红垩粉和石墨。拿把干刷子，在书口上再刷一遍，这就相当于又打磨了一次，让书口更光了。现在，可以准备涂粘贴金页所用的蛋白胶了，但在涂蛋白胶之前，先要把金页切成需要的宽度（见第十四章）。粘贴金页的工具可以用略微沾点油的纸片，或用烫金师专用的松鼠尾巴毛做成的小刷子，或用一个拉了网的小框子（见图26），金页会吸附在网上，对准书口的正确位置后，只需轻轻一吹，就会下来。

准备好金页之后，用软毛刷在书口轻刷一层薄薄的蛋白胶，然后把金页平展地铺上待干，在正常的室温条件下，这大约需要一小时。之后，拿一块上过蜂蜡的皮革，轻轻地拭擦一遍，就可以抛光了。比较好的抛光工具是打磨得没有一点棱角的血石（见图27），抛光首先隔着一

图 26

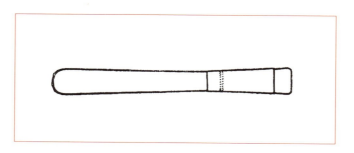

图 27

张稍微涂过蜡的薄纸进行,这样能让金箔粘牢固,然后就可以直接在书口上抛光。

书口烫金所用的蛋白胶,有几种不同的配方,以下这种就很好用:一份蛋清加四份水打发,放置一天,滤净,待用。

前口烫完金后,重复同样的操作,给顶口和底口也烫上金。顶口烫金要尽量烫牢一点,建议多打磨,也可用犁刀裁切,装好封板后再烫金。

第七章

标记

缝订

缝订材料

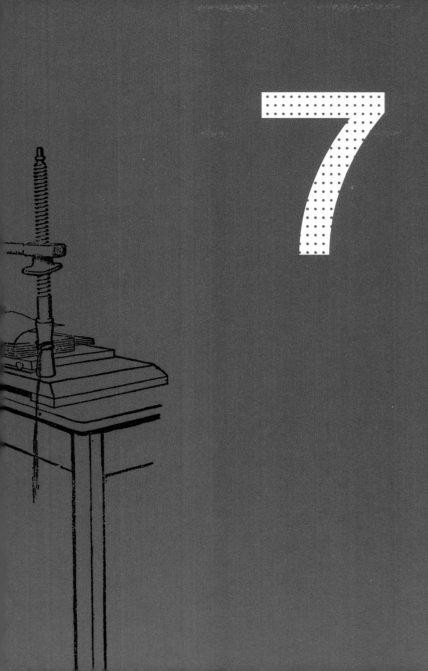

MARKING UP 标记

在书帖上做标记，是要画出书帖脊部的几道横线，为缝订者标出书绳的位置。

画出恰当的标记线，以符合活脊锁线的缝书需求，是要经过一番思量的，因为书帖缝订的位置，决定了皮面包裹后书背竹节的位置。几乎绝大部分的书都以五道竹节最为美观，但也有例外，如果是又大又薄的对开本，六道竹节也可以。如果是厚厚的小开本，四道竹节看起来更舒服。一般来讲，还是五道最合适。在标记裁过的书页时，从顶部开始，把书脊的长度平均一分为六，最后靠近根部的那部分可以稍长。按照这几个分隔点，借助木工直角器，在脊部用铅笔重重地画上横道，然后放入横压机，此时的书页已事先在压板间敲到齐平，很重要的一点是，顶口一定要敲得水平方正，不然在装帧后就会出现竹节歪斜。如果计划在书本装上封板之后再裁切烫金，那么就要提前确定裁掉多少，留出足够的余地，不然裁切后顶部和根部就有可能会太短。必须要记得的是，除了书页的高度，还要把飘口的宽度考虑进去。

裁切后,在书脊部距离上下两边约四分之一英寸处,给上下的环针结处做个标记,如果是装上封板后再裁切的,就再多留点距离。做了标记的地方可以轻轻地锯一下,注意在锯之前要把环衬取走,如果环衬被锯到,那么粘贴之后接缝处会露出小孔。

如果要采用两根书绳、犊皮带或书带缝订,书绳或书带处要画前后两条线。

现在,越来越普遍的做法是,把书脊锯出凹道,然后把书绳嵌入凹处,形成"腔背装",最后,在书背上安装假的竹节出效果。但这是个低档的方法,主要为了迎合现代装帧对耐用性的要求。如果书背上无须显示竹节的话,采用书带或犊皮绳,都好过这种嵌绳法。

缝订　　SEWING

现在装帧师所用的缝书架,和 16 世纪早期图片上所显示的,其实并没有本质上的差别,其历史或许还能追溯到更早的年代。缝书架的下部,是一木制底座,两侧各有一根竖立的木杆,竖杆之间是一根横杆,竖杆上有螺纹,旋转横杆下的木螺母，可以让横杆升高或降低（见图29）。

在缝书之前，先要把书绳做成几个绳套，在横杆上安装好。绳套的数量根据书脊缝订时所需要的书绳的数量而定，绳套上打个简单的结，把缝订需用的书绳固定在上面（见图28）。绳套可以重复使用，直到用坏为止。

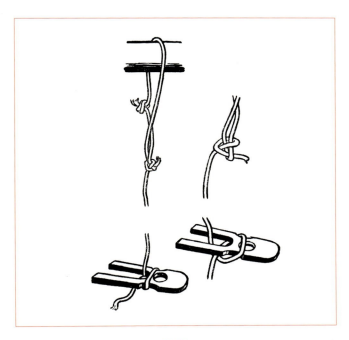

图28

书绳的下端，系在一个叉状的木栓上（见图28）。右手拿住木栓柄，左手把书绳放在木栓上面，右手食指把书绳按住，把木栓翻过来。把书绳绕一圈，放在叉子中间，然后叉子朝外把木栓插入缝书机底座的空当中，把书绳剪断，用同样的方法，重复操作每股书绳。待所有书绳都准备好，把书帖靠书绳放好，和之前在书脊上做的标记对齐。注意书绳跟书帖的角度一定要垂直，如果绳线长度一样且均匀分布，横杆升起时它们就会力度均衡地一起绷紧。

书绳的铺排尽量靠缝书架的右侧，这样才能腾出足够空间，让左臂放在左边竖杆的里侧。

缝书架底座的空当，用一卷大小正合适的纸塞满，挡在垂挂的书绳前面，这样既能保证书绳的稳固，又能保证它们处于同一个平面。

缝书架准备妥当，上面的书绳都已铺排调节好之后，再检查一遍书帖，以确保经过前期的一系列准备工作，书页和插图没有缺失和误排，尤其要检查全页插图，保证它们相邻页面上的保护条都粘贴到位。

在前后环衬废页靠近书脊上端的角落做个记号，一

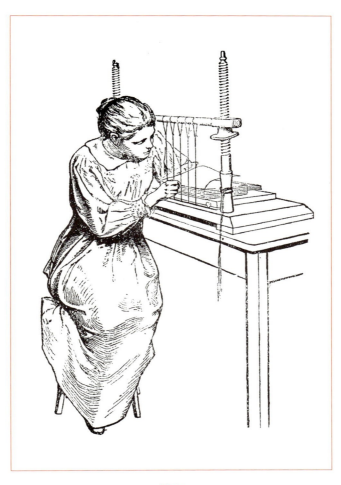

图 29

第七章

切都妥当之后,就可以把书帖平放在缝书架后面的压板上,前口朝里,前环衬在最上面。因为把针插入直接放在缝书架底座上的书帖比较困难,所以较方便的做法是在底座上放一块大一点的压板,并保证压板固定不移动。压板放好以后,用左手取第一叠书帖(或前环衬),将其翻转过来,脊部的标记对准书绳。左手插到要缝的地方,右手把针线插入环针结的标记点(见图29),左手接针,并将针插回第一根竖着的书绳的左侧,拉紧,将线头留在环针结处,用右手把针线反绕过书绳,从同一根书绳的右侧插入同一针孔。这样左右手交替绕着五根书绳都缝一遍,最后针线从底口的环针结标记处穿出来。然后取来第二叠书帖,左手插进书帖中心,用同样左右手交替的办法,将第二帖从底部缝到顶部,并与留在第一帖顶部环针结处的线头打个结。这样可以放上第三叠书帖,左右手交替缝好,到底口的环针结处时,把针线从下面穿过锁住,如图30所示。整本书重复这样的操作,如果书脊有点鼓出来,可以用一根特制的木槌轻轻往下棰一下,但要注意不能棰过头凹陷进去,那就很不容易再弄出来了。等所有书帖和环衬都缝上以后,打一个双结,最后把线头剪掉，这就是活脊锁线的缝订法，这种方法缝订的书脊有一定的弹性和柔韧性。

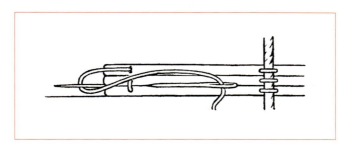

图 30

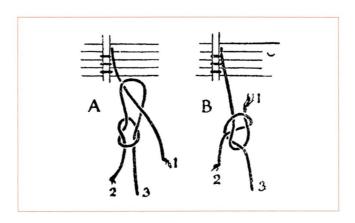

图 31

在缝订过程中，针上的线快用完时，就在线尾再接上一根，这样，缝订所有书帖、绕过所有书绳的，其实就是一根长线。接新线时，最好用织布结，如图31所示。先在新线头上打一个简单的活结，套在旧线上，结拉紧时让旧线穿回，如图31B所示。这种活结的好处是能在靠近书脊处牢牢地打上结，最多只需在针孔中穿过一次，如果线结离书脊太远，那么会在书帖的针孔中来回穿两三次。线结打上以后，必须把它抽拉到书帖里面，埋在里面不要露出来。缝书对判断力的要求也极高，如果书缝得太松，那么装帧就不可能结实；可是如果缝得太紧，尤其是在书脊上下端的环针结处被拉得太紧，起脊的时候书线很可能会断，那这本书就得重缝一遍了。

解决缝合多叠薄书帖导致脊部鼓起的问题，方法之一是同时缝两叠书帖，缝书架上一次放两叠书帖，缝线从下面书帖的环针结处穿入，跟正常情况一样在第一根竖线处穿出。不同之处是，这时不要再穿入下面的书帖，而是穿入上面的书帖，就这样重复穿过上面和下面的两叠书帖。如果是五道书绳，那么每叠书帖只需缝三针而不是六针，这就比常规方法减少了一半的缝线，也就减少了一半的鼓起。通常来说，开始和最后的几叠书帖缝订时可以连续多缝几针。

现在越来越常见的缝书方法是在书脊上锯出凹痕，细书绳可以嵌进去。缝书时，缝线仅仅是穿过书绳，而不是像活脊锁线缝订法那样缝线反绕过书绳。这种书绳嵌入式的缝订方法很经济快速，但不值得推荐。主要是考虑到锯齿对书脊的损坏，而且胶水会顺着锯痕渗透进去，使书脊变硬，书本就不能完全打开。事实上，采用嵌入式缝书法完成的书籍，即使书本能够像活脊锁线缝订法那样完全摊开直到书脊处，书帖中间的锯痕和嵌入的绳线也都一览无余，书也就破了相了。

中世纪的书籍，通常用双股书绳或犊皮带缝合，堵头布也会同时缝上，如图32所示，这种方法非常适合大部头的厚重书籍，特别是大开面犊皮抄本，因为它们的书帖通常都很厚重。这种方法有个好处，缝线每次反绕两股书绳时都会自然形成一个结，如果线在哪里断了，其余部分也不会松开。这是唯一一种从头到尾不断线的缝订方式，而且堵头布也同时缝上，与每叠书帖相接，比现在通常采用的方式更牢固结实。15世纪时，堵头布末端的处理方式习惯上与书绳末端一样,都是打散后粘到封板上,这种方法对书顶和书根起到了额外的加固作用,而且也避免了现代装帧中堵头布被剪断的生硬感。但总的来说这种方法并不足取,因为这样做,必须切掉

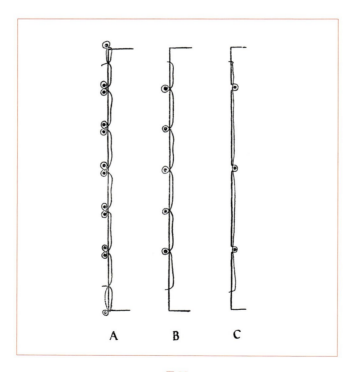

图 32

一部分内折的皮面，这是最需要皮革支撑的地方，整个封皮的力度由此被削弱。

图 32 所示是上面提到的三种缝书方法，A 是老式的双书绳缝订法，堵头布用同一根线同时缝上；B 是现代活

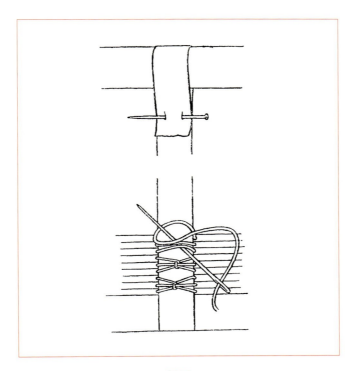

图 33

脊锁线缝订法，C是嵌绳缝订法。

很薄的或者要用犊皮纸装帧的书，最好用书带或犊皮条缝合。在缝书架上做准备时，最简单的方法是将书带或犊皮条的一头绕在上部的横杆上，拉直，把另一头用图钉固定在架子下面。因为书带或犊皮条都是扁平的，所以，缝订时针线不要绕过去，只需平穿过去，为避免松开，三四针后就要在后面收紧一下，如图33所示。

缝订材料　　MATERIALS FOR SEWING

书绳最好是用优质的麻绳——以两股长纤维特制而成，便于打散疏松。使用两根书绳的大开本书籍，最好的选材是优质水线，要注意选择容易打散的。如果采用书带的话，要挑没有漂白过的，比如制作船帆使用的那种。缝线也不要漂白，漂白过的线容易腐烂，没必要多此一举。高质量的丝线是最佳选择，比别的线都好用，外科医生用的未染色的结扎丝线最结实，不同粗细的都有。在选择缝线材料上，再怎么挑剔都不为过，缝线有多好，书本就有多牢。应尽最大可能避免重复装帧有价值的书籍，重装不仅仅成本很高，而且还会严重缩短书籍的寿命。

为一本书挑选粗细得当的缝线，需要凭借丰富的经验。如果书帖很薄，线就要细，不然粗线会让书脊鼓起太多，起脊就会有困难。反之，如果书帖很厚，用细线的话，书脊凸起不够，难以形成稳固的合页。大致来说，如果是数量众多的薄书帖，就要用最细的线；如果是厚书帖，或者书帖量少，就要用粗一点的线；至于大开本的犊皮抄本，最好是用最粗的丝线，甚至羊肠线。犊皮纸非常结实耐用，犊皮纸书的装帧就该按照能用上几百年的规格来做。

在选择书绳的粗细时，也需要做些判断。古书用的书绳最好粗一点，让书背上的竹节凸起明显一点。不过，具体的粗细还是依个人的喜好和经验而定。

小开本的书配上粗厚的竹节，显得笨重；纤细的竹节，配在大开本上又显得单薄，都是不美观的。

装帧古籍印本或抄本，外观稳重结实的，胜过轻巧简洁。

缝书完毕后，将书绳在近绳套处剪断，叉形木栓就松绑了，再把在绳套上打的结解开，木栓就能取下。

第八章

疏松绳头

上胶

扒圆和起脊

FRAYING OUT SLIPS&GLUEING UP 疏松绳头及上胶

缝完所有的书帖以后,应该从头到尾再仔细检查一遍,以保证所有的书页和插图都已缝到,尤其要注意的是,环衬上的缝线针脚须均匀平整。

接下来,书绳的两端需要剪去,两边留约二英寸长短,这部分是要打散的。如果用的是材质合适的书绳,很容易就能散开,方法是拿一把装帧专用锥子,插入缠绕的两股绳之间,将书绳一分为二,继续将分开的单股绳也一分为二,然后把散开的纤维捋直(见图34)。

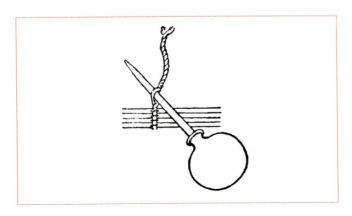

图 34

缝厚书用的粗绳，打散就比较困难些，不过，但凡书绳质量好，只要多花点工夫，都是可以打散的。犊皮条或书带只要剪断就可以，两头各留约二英寸，留出来的书绳末端部分叫绳头。

现在，可以开始上胶了，先用废弃的封板或旧布覆盖两边打散的绳头，将书脊和顶口敲到平直，然后放入横压机中，拧紧螺丝，书脊和护板高出压板约四分之三英寸。如果书脊鼓起太多或不够扎实，可以将绳头的一端松开，在书心被横压机压紧的情况下，把书绳拉紧。或者在横压机的一侧用铁砧顶住高出的书脊，用锤子从另一侧敲打，从而使书帖之间更紧凑，再把绳头拉直拉紧（见图35）。待书脊紧凑密实之后，就得上胶了。用于书脊上胶的胶水必须烫，不能太稠，注意要用刷子在书脊之间来回刷，之后再用手指或折纸刀来回刮，保证书帖之间从顶到根都覆盖上一层胶水，这点非常重要。如果书心被横压机夹得太紧，胶水就会过多地留在书脊的表面；如果夹得太松，胶水又会过多地渗入书帖之间，松紧适宜也非常重要。如果胶水太稠太黏，可加热水，再用胶刷在罐子里快速搅动来稀释，以达到合适的稠度。

裁切过的顶口在上胶前，一定要检查是否已敲到完全平直，这点必须强调。不然一旦成型，返工的难度极大。

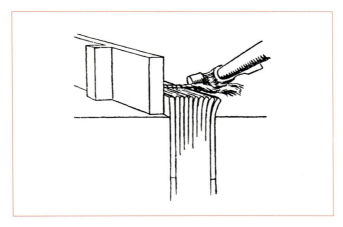

图 35

ROUNDING AND BACKING　　扒圆和起脊

书脊到底要扒圆到什么程度，不能一概而论，应视具体情况而定。也就是说，如果经过保护条裱衬或繁复的缝订，书脊就会自然圆起，最好不要硬把它弄平；如果书脊自然就是平的，也不要故意把它扒得太圆。太圆的书脊，是要尽量避免的，因为这会占用太多书页上靠近书脊的空白处，书本打开时会僵硬摊不平。反之，如果书脊太平，就需要裱衬得硬实一点，不然打开时会凹陷进去。

扒圆的方法是：把缝订好的书心放在桌子或横压机之上，书脊略超过边缘，然后把书脊朝装帧师的方向轻拉，位置固定好之后，用锤子小心敲打（见图36）。一面完成后，重复操作另一面。如果操作正确，书脊中部会隆起，形成一个均匀的圆弧。扒圆和起脊的最好时机是胶水已经不黏手，但还没有完全干透变硬。

起脊可能是书籍装帧前期工序里最困难和最关键的步骤，缝线使得书心的脊部比其余部分厚出许多，假如一本书有二十叠书帖，那么脊部就会多出二十根缝线的厚度。

如果不进行扒圆或起脊就装上封板，一压紧，书脊多出的厚度必然无序地寻找去处，脊部因此有可能凹进去，有可能突出来，也可能皱起来（见图37）。扒圆的目的，就在于控制这部分厚度的分布，让书脊拥有一个匀称而永久的外突弧形曲线。

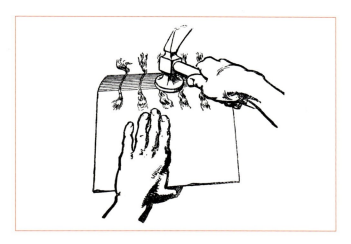

图 36

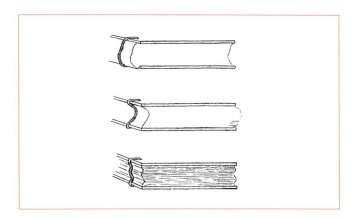

图 37

 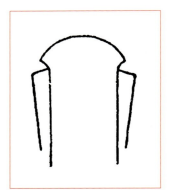

图 38　　　　　　　　图 39

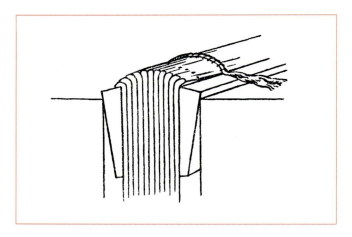

图 40

如果在扒圆之后直接装上封板，虽然书脊的弧度和均匀曲线会有一定的保障，但是在封板的直边和书脊的边之间会形成一道空隙（见图38）。起脊就是要做出一个凹槽，正好可以让封板的边缘严丝合缝地嵌入。从书脊的中间开始，用锤子从里朝外挨个敲打各书帖的脊部，在书心的两侧都形成凹槽，以保证书本在打开之后书脊还能回到原样。

起脊的方法是：把起脊板夹在书心的两侧（疏松的绳头留在外面），稍低于书脊，具体距离要根据将要使用的封板的厚度而定。定好起脊板的位置后，把书和起脊板一起小心地放到横压机中，用力上紧螺丝，小心不要让板滑动，书心要放得平直。就算最有经验的工匠，有时也需要反复两三次，才能保证书心的平直和起脊板的稳定。除非放进横压机时书脊就有完美均匀的曲线，否则事后再弥补的话，任凭怎么敲也不可能敲得完美。

书帖的脊部，应该由中间的高点往两侧均匀伸展，形成一个扇面，要取得这样的效果，必须用锤子斜着敲，有点像铆接敲法，而不是直接硬敲（见图41中的箭头是敲击的方向）。如果书帖没有均匀地由中间往两侧伸展开来，

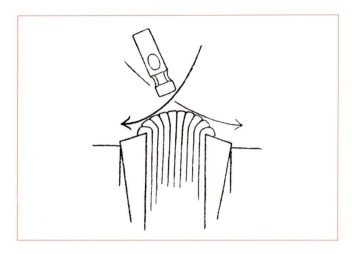

图 41

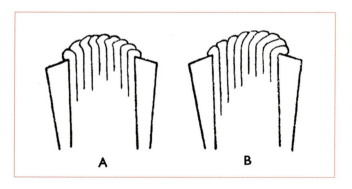

图 42

就会出现如图 42A 由于直接敲打而形成锯齿形的情况，或如图 42B 那样，由于两边不是均匀地展开，即使书脊刚做好的时候看起来还算平整，但是用久了就会变形走样。如果像图 42A 这样，书帖的脊部是被硬敲下去的，里面的书页也会因褶皱而变形。

想当然地认为起脊需要用重锤，那是个误会，除非是对付超大的书。对于活脊锁线缝订的书籍来说，锤面相对较小的锤子更合适，用这样的锤子起脊，不会把书绳也敲扁。锤面最好是像图 43 这样的，用细的那头轻轻地敲，因为力道集中在小锤面上，效果很好。

图 44 所示是普通起脊锤。

图 43

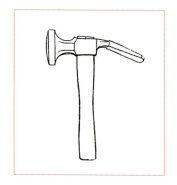

图 44

第九章

封板切割及穿系

清理书脊

压平

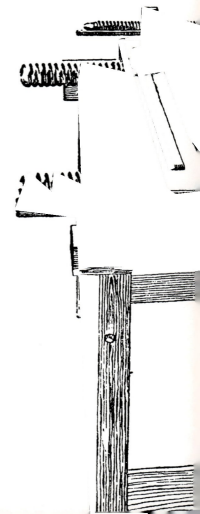

CUTTING AND ATTACHING BOARDS

封板
切割及穿系

　　以旧绳索为底材制作的高质量黑纸板，是特精装帧的最佳封板材料。这种纸板硬朗挺括，边角不容易破裂或折弯。封板厚度的选择，要根据书本的大小和厚薄来决定。大多数现代装帧师倾向于采用过厚的封板，可能是想让书看上去更气派。抄本和犊皮纸书最好用加搭扣的木质封板，稳固的木封板在扣紧后能持续给书本加压，犊皮纸书页能够始终保持平整。在类似英格兰这样的潮湿气候中，犊皮纸受潮后很容易起皱，除非想办法一直平压着。犊皮纸一旦起皱，书本就不能正常合拢，需要进行特殊的处理。而且灰尘和湿气也会侵入起皱书页的空隙中，这种损坏众所周知，爱书人对此最是痛心。

　　对大开本的书来说，用特制的封板，也就是两块封板粘成一块，会比用同样厚度的单块封板要好。制作的时候，把一厚一薄两块板粘住，薄的一块朝内，靠近书心。用了这种特制封板，就不必在内侧再重复做内衬，薄板总会拉动厚板的。

如果采用厚纸板做书封，先要用纸板剪将它剪成跟书本差不多的尺寸，进行这个操作之前，纸板剪应该固定在横压机上。这种大剪刀的把手一边是直的，另一边带着个弯钩，要把直的把手朝下拧紧在横压机上，如果带弯钩的在下面，手指关节就会磨得厉害。图 45 所示是固定剪刀的更好方法，请一位铁匠把不带钩的把手弯一

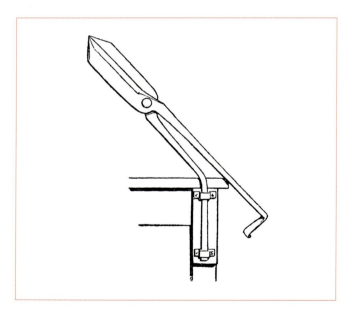

图 45

下，再打制两个插座，这样固定能省很多事，对横压机的磨损也小。如果需要切割大量的纸板，使用封板切机会更便捷，但如果是做特精工艺，还是需要用犁刀来进一步裁切。纸板被切成大致的尺寸后，应该用犁刀把一条边切得平直，方法是把一到两对封板的脊部对齐后，靠着犁刀刀片放入横压机内，让要被裁掉的部分突出在外，后面衬一块废纸板，用犁刀来回切板时可以对着废纸板。

用螺丝和把手固定的犁刀，沿着横压机上的滑道前后移动，每次移动时转动一下螺丝，它的刀片就往前一点。在切很硬的书封纸板时，螺丝每次只需要转动一点点。如果横压机和犁刀都安装得法，突出在横压机外的书封纸板就会被一刀切下，封板边缘光洁笔直。如果横压机的边缘有损坏，或者不够平直，那就要在横压机边和被裁切的纸板之间加插一块切板，这样犁刀又可以沿直边滑动了。

图 46 所示是犁刀在横压机上的位置，横压机有滑道的这边应该留出来专供切纸之用，所有其他操作可以在另一边完成。

切封面纸板所用的犁刀开刃角度不要太尖锐，不然

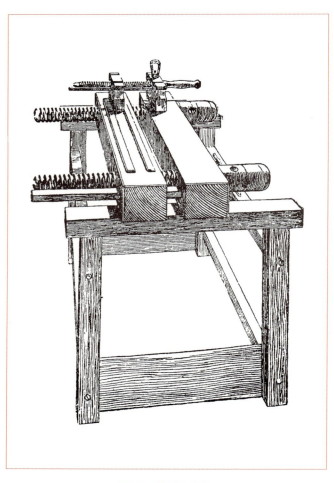

图 46　横压机或切机

纸板的边缘很可能一切就断裂了，图47所示的开刃角度就比较恰当。刀片要经常打磨，因为切厚纸板很容易钝，刀口不锋利的话，切割起来就很费力。

封面纸板切边之后，要用折纸刀仔细刮磨每一道棱边，把切割后可能留下的毛边都抹平。然后，拿一张有直边的普通纸张，粘在封板的一面，直边对齐封板上被切过的那条边。再拿一张能完整包覆封板两面的纸张，团团粘住封板两面，切边处尤其要摩挲到服帖。粘贴好以后，用横压机把封板夹住以保证衬纸粘牢，竖着晾干，有双层衬纸的一面朝外。之所以贴了两层纸，是为了让封板能朝这一面稍稍弯曲，来抵消书本合上时皮料绷紧

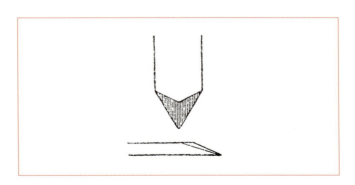

图47

产生的拉力。如果是那种双层封板，那么粘贴一层衬纸就够了，封板上薄的纸板也会给厚的一点拉力，效果一样。粘贴衬纸所用的浆糊一定要相当稀薄，彻底搅拌均匀不能有结块。衬纸的粘贴是重中之重，必须均匀牢固，如有偏差，那么后续贴上去的任何皮或纸都不可能平滑服帖。

待到粘好衬纸的封板干透以后，两块可以配成一对，有两层衬纸的那一面背靠背放。在封板脊部上角做个记号，对应书心脊部上端角落的记号。之后，借助木工直角器，在和切边成直角的顶部直线上做两个标记，把配好对的前后两张书封的脊边对齐，和之前一样放入横压机，这样犁刀刀片刚好切过标注的两个点。未裁切的另外两边，重复同样的操作进行裁切。在给前口做标记时，先用一把双脚规（见图48）量好从书的接缝处到第一叠书帖的前口处的距离。如果书心已经裁切过了，或是要保持书心原貌的未裁本，那就要多留点余地给飘口。如果是要用犁刀裁切，那现在就该想好要切掉多少，记住宁愿让封板偏大一点。等到书心裁切之后，偏大的封板可以继续切小，但如果封板偏小的话，那就只能重做了，

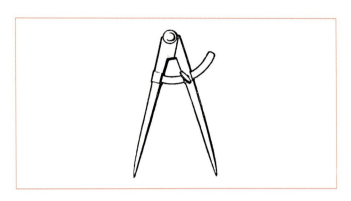

图 48

或者不得已地把书心切小。

  为裁切过的或未裁本的书心搭配封板,封板的高度应该是书心的高度再加上两头留给飘口的那一小段距离。一对四周都切好的书封,可以用把其中一张翻转过来再重叠的方式,来测试裁切后的方正度,若有偏差,你就会发现两张书封不能完全重合。如果出现这种情况,就该启用新板,切坏的搁到一边,留给小一点的书用。否则因封板裁切不当,只能缩小尺寸来弥补,结果是整本书的比例都连带受到影响。如果封板裁切平直完美,那就把它们放在书心上,画上和书脊垂直的线,以此标记书绳头的位置。然后，在离书脊约半英寸的位置画一条和书脊平行的线（见图49）。将封板置于铅板之上，在平行线和垂直线的交叉点上用装帧专用锥子从外往内打一排洞，然后把封板翻过来，在距离第一排洞约半英寸处再打一排洞。如果书心脊部的凹槽比书封的厚度浅，用锉刀把书封的上部脊边锉出斜面；如果凹槽深度和书封的厚度一样，那就不必锉了。书封打好洞之后，在第一排洞到脊部的位置切出 V 形凹坑，以收纳书绳头，不然装帧完成后这里会显得太鼓起。现在需要去除一部分缝书后打散的书绳头，清除所有胶水或其他

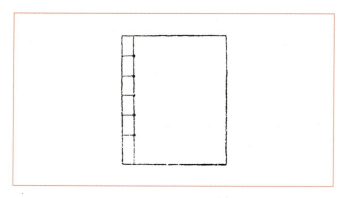

图49

杂物，至于去除掉多少完全取决于个人的判断力。现代装帧师为了追求封面的绝对简洁，经常会把绳头几乎全部去除。但也有走向另一个极端的，把书绳都留着，于是，有书绳的地方就会明显地鼓起。借助于上述的凹坑，既可以保留住绳头以发挥足够的劲道，又不会在书面上过分鼓起。当然稍微有些鼓起并不难看，反而能够展示扎实的装帧技艺和力度，而且也很适合做装饰图案的底子。绳头在修刮清理完毕后，留下的部分应该有着长而直的丝质纤维，仔细涂上浆糊，轻捻尾端，捻出尖头后从上面穿过第一排洞，再从第二排洞中穿出（见图50）。在穿系书绳头时，注意不要拉得太紧，否则封板的开合就不顺畅，但也不要松得在接缝处留下明显的缝隙。穿系好涂过浆糊的书绳头后，用锋利的刀把尾端切掉，在封板上铺开。然后，将封板置于铁砧上，先从正面，然后再从反面，用锤子仔细敲打（见图51）。敲打的力度应均匀平正，不然可能会敲断书绳头。这样，书绳头就被嵌进书封之中，几乎没有隆起。要注意的是，准备穿系书绳头的时候，只需把打散的尾端稍微捻尖，足以穿过小洞即可，切莫将整段书绳头都扭起，扭得鼓起来，

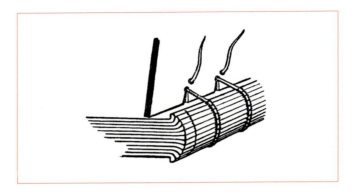

图 50

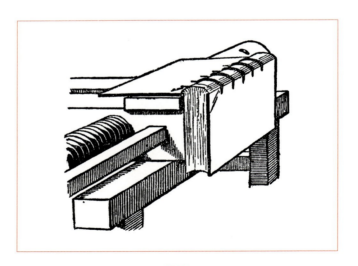

图 51

再怎么敲也是敲不平的。

如果要把书绳头穿进木质封板,首先要借助支架和小钻头在木板上钻好洞,散开的书绳头用木塞固定(见图52)。

古书有时是用皮质的书带缝订的,但是用书绳缝订的似乎更加持久耐用,尤其是现在的书绳比皮带要可靠得多,所以,现在无论装帧什么书,还是用书绳缝订比较好。

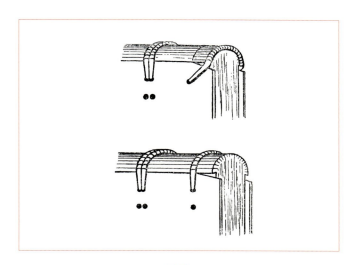

图52

清理书脊及压平 CLEANING OFF BACK&PRESSING

封板系好绳头敲平之后,下一步是要将书压平。压书之前,两张封板的内外都要放张锡板,里面那张一直要顶到接缝处,外面那张可与接缝处齐平,或稍稍超过。放入平压机后,在书脊上涂一层浆糊,放个几分钟,趁着浆糊还软,用一块如图53所示形状的木刮板,把多余的浆糊刮掉。对重要的书本,这一步最好在横压机上完成,但有的装帧师喜欢先把书摞在立式平压机上,然后再给书脊上胶清洁,这种方式的优点是比较快捷,而且在大多数情况下效果很好。但是,对于需要特别关照的书籍来说,还是在横压机上给每一本单独处理更好,然后再把书本和封板摞在立式平压机上,大开本的放在下面。必须保证整摞书的中心点都刚和平压机的螺旋对齐,不然压力就会不均衡。为保证书本摞得整齐均衡,务必要从平压机的正面和侧面对整摞书进行仔细的检查,而且还要确保每一本书都放平了,书脊没有扭曲或变形。这一点非常重要,因为书本在这个阶段压出的形状将是永久的。

和之前一样，彩绘或刚印出来的插图在平压之前要先覆盖上一张薄纸，任何折叠的插图、图表或加插的信件都需要两面夹薄锡板，以防在相邻书页上留下印痕。

再重复一遍，手工印刷的书本不要施加太大的压力。

书本要在平压机里至少过一夜，取出来之后，如果不需要裁切，这时候就可以装堵头布了。

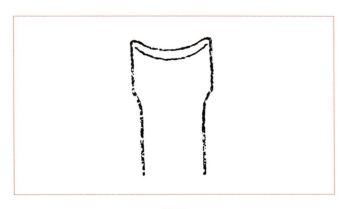

图 53

第十章

装封板后裁切书口
书口的烫金和上色

CUTTING IN BOARDS 装封板后裁切书口

相比裁切书封纸板的刀,用来裁切书口的刀开刃角度可以更尖锐一些,而且刀口要很锋利,不然会把书纸拉坏。千万不要打磨犁刀刀片的下部,因为如果下部不平,切书口时就不会平直,可能会切弯。在开始裁切书口之前,先要调整好刀片的位置,把犁刀旋高一点,横压机打开一点,关注一下刀口在左边缘的位置如何。如果横压机是平直成正角,刀口应该是刚巧错开横压机的边缘,这时如果垫纸太厚,切书口时刀口会低于边缘,如果垫纸太薄,则刀口会高过边缘。

这里说的垫纸是指垫在犁刀的刀片和金属板之间的纸,用来调节刀片的位置。如果在反复试验之后,找到刚好和刀片贴合的垫纸厚度,那么每次把刀片拿出来磨的时候,垫纸也要小心地收好,等到刀片磨好后再一起放回去。

第一道需要裁切的边是书心顶口。首先,把封板按照装帧后的位置放在书心上,然后将封面的封板往下挪一个飘口的距离,要注意在此过程中封板的脊边始终与接缝处保持平整。拿一张硬板纸，或两三张叠一起差不多厚度的纸，夹入封底的封板和环衬之间，以防裁切的时候切到封板。然后，小心地把书放入压机，书的脊部朝里，调整到封面封板的顶边和压机右颊板完全对齐之后，力度均匀地把压机旋紧。封底封板这时应该高出左颊板一个飘口的高度。非常重要的一点是，必须确保封底封板的边和压机完全平行，一开始如果没做到的话，就要不断挪动书本做调整，直到平行为止。

用犁刀裁切顶口的程序，和裁切封板的方式一样。书心底口也按同样方式裁切，书脊依然朝里，只不过这次是从封底封板开始裁切。

书心前口的裁切难度要更大一些，先把书心前后的废衬纸依封板的边缘裁齐，并在废衬纸的下方做好标记，注明飘口的距离，这也就是之后需要被裁切的宽度。首先要拉平书脊的弧度，这个弧度也将是前口的弧度。方法是先将封底封面的封板反转向后，然后将两片叉子状的小钢板（见图54）横插进入封板和书脊之间，然后敲平脊部。如果书本很厚重，敲平之后最好拿带子把书心绑住以保持状态（见图55）。书心前后各放一块切板，后面

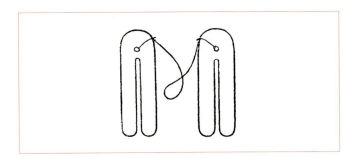

图 54

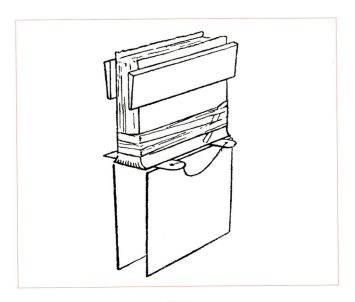

图 55

的那块正好抵到封板边缘处，前面的那块稍稍往下，留出前飘口的距离。用食指和拇指紧紧捏住夹着书心的切板之后，小钢叉就可以取走，然后小心地把书心和夹板一起放入压机中，前切板的顶边和压机的右颊板对齐，后切板高出左颊板一个飘口的距离（见图56）。之后顺着右颊板的表面再做进一步的查证，如果书本在压机中的位置准确，那么此时后切板的可见部分，应该完全对应

图 56

书页高出前切板需要裁切掉的那部分。在裁切之前再行检查一遍书脊也很有必要，此时的书脊应该依然平正，如果又回到原来的弧度，或者进压机的时候扭曲了，都必须拿出来，重新用小钢叉再做一遍，想省事在压机中做这些调整是徒劳的。裁切前口的方法和裁切顶口及底口的方法一样。

GILDING AND COLOURING EDGES 书口的烫金和上色

给先上封板后裁切的书口烫金，流程和之前介绍的切边烫金一样，唯一不同的是，上好封板的书口可以刮擦或用细砂纸轻轻打磨。烫金完美的书口常受人追捧，这种书口已经看不出书页，更像一整块光滑的金属板。但是，书本的基本特性是由书页组成的，所以最好还是突出这个特性，让书口保持一点本色，即使烫了金，依然能看得出是书页的边缘，而不是一块砖头或其他什么固体的一面。

给裁切后的书口烫金时，先把封板翻转过来，书心前后各夹一块切板，切板与将要烫金的书口齐平。给前口烫金时，又要用到小钢叉，先得把前口顶起到持平，除非是特意要在弯曲面上烫金，其结果是让前口有种生硬的金属感，令人生厌。

书口烫完金后，可以再用压模进行压花装饰，这个过程叫"书口绘饰"。书页还紧紧地夹在压机里的时候，就可以用热压模直接在烫金上面压花，或者，也可以在烫金面上先放一层彩色金纸，然后在上面进行压花，这样，原来的烫金面上就会留下新的彩金图案。但我觉得，书口除了纯金纯色，最好不要再加额外的装饰。

如果书口需要上色，那么上色前要先轻轻刮擦一遍，然后用海绵蘸颜料，从前口开始上色，把书页稍稍展开一点，上面放块压板，用手紧紧地按住。上色的颜料要调得很薄，从前口的中间开始，往顶部和根部方向晕染，可以层层重复，直至达到满意的颜色深度。顶口和底口也一样，只是书页不能展开，就从脊部往前口方向上色。如果给前口上色时，从一头往另一头涂，或者给顶口和底口上色时，从前口往书脊方向涂，那么，海绵肯定会在开始的角上留下很多颜料，这些书角的颜色会特别深。

任何颜料都可以用来给书口上色，普通的水彩，加点上浆水也可以。

书口的颜料干了以后，取一小块蜂蜡轻轻打磨，再用抛光刷给书口抛光（见图57）。

除了烫金上色，书口还有多种装饰方法。可以将前口展开，以任何方式做水彩画，然后再烫金，这种画只有在打开书本时才能看到。采用这种装饰的前口一定要切得非常平滑光洁，如果书页的纸质容易吸水，那么作画之前就要先做上浆处理。颜料要选用纯水彩，烫金之前不能碰书口，如果留下指印油渍，就会导致烫金贴合不均。只有采用优质薄纸的书籍，才考虑在前口作画装饰，更常见的装饰方式有大理石花纹工艺和喷洒点缀，但比起纯色装饰，这两种都显得档次比较低。如果先用大理石花纹装饰，再进行烫金，时而也会有不错的效果。

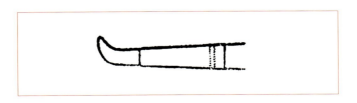

图57

第十一章 堵头布

HEADBANDING 堵头布

现代装帧中的堵头布，采用小块犊皮条、肠线或书绳，用丝或线缝在书脊的顶部和根部，它们分担了书本从书架上被抽取下来时的部分拉力。犊皮条或书绳的厚度加上丝线后要比飘口略低，犊皮条的切口一定要有斜度，在书脊上的位置固定好之后，斜口往后而不是往前。

首先，松开一点书绳头，让封板稍稍松动，然后将封板往下拉到和书心的顶部持平。如果不往下拉，上堵头布时丝线会总是擦到高出的封板边缘。把书竖着放入装帧后期工序所使用的精压机中，书前口朝里略前倾，这样在操作时堵头布就能看得一清二楚。灯光要从左边照射过来，保证工作区光线充足。将穿着丝线的针扎入顶口，穿过环衬后的第一叠书帖的中间，将三分之二的丝线从书脊低于环针结处穿出，再把针从相同地方穿回去，小心地抽成一个丝线圈后，把犊皮条放入圈内，左边略微突出。将一根针垂直插在第一叠书帖的书页当中，紧贴犊皮条的后侧，把它固定住。针头端的丝线这时在犊皮条的后面，短的那头在前面，右手把针头端丝线从后面拿过来，左手接过并拉紧。在犊皮条下面，右手把短的那端放到针头端的上面，从后方拉紧，这个过程要重复几次。之后后面的线再从犊皮条上方带过来，与针头端的丝线交错，再从犊皮条下穿到后面，重复。丝线在紧挨犊皮条下方的交错点上会形成一个个小珠，注意这些小珠要拉得越紧越好，尽量往下贴近书页。如果发现犊皮条或线的位置有移动，必须立即进行固定。方法是，当针头端的丝线在后面时，在犊皮条下方的位置，用左手指从后面紧紧按住丝线，然后将针头端的丝线从犊皮条的上方带过来，但这次不要和前端的丝线交错，而是把针穿过书页，从环针结下方的书脊穿出，在左手指下把线慢慢拉紧。这样形成的丝线圈能把犊皮条稳稳地固定住，然后丝线又能正常地从皮条上方带过来进行交错。堵头布要一直封到环衬处，最后要打双结进行固定，两端多余的丝线都剪去，留下约二分之一英寸的线头，打散，尽量平整地粘在书脊上。

　　堵头布在制作过程中要经常进行固定，针头端的丝线每回绕三次就固定一次也不为过。制作精良的堵头布，要求抽拉丝线的力度自始至终都保持均衡。

丝线线头粘好以后，在尽量靠近丝线处，将犊皮条两端多余的部分切去。堵头布的成品长度是否合适，有以下最佳检测方式：用拇指和食指挤压两块封板，把书帖压到最后成书的厚度，只要犊皮条有一点弯曲，就说明太长了，需要再缩短一些。

中世纪时期的书籍，堵头布是和其他的书绳一起缝定的（见图32），直接固定在每叠书帖上，所以非常牢固。现代工艺的堵头布，虽然牢固度稍逊，但是如果也能逐帖固定，完全可以应对正常使用中的压力。堵头布还有很多其他的制作方法，但只要彻底掌握了上述的这种方法，其他方法可以根据不同需要进行变通，缝订方法基本大同小异。如果书籍的开本很大，可以用两截肠线或绳线做成双层堵头布，一层用厚料，前面加一层薄料。绳线要在稀释的胶水中浸泡再晾干，这种堵头布要采用八针缝订法。缝订堵头布的丝线可以有两三种不同深浅的颜色。用作堵头布的犊皮条容易变硬折断，可以把两层犊皮纸粘在一起，当中垫一层衬布，使用时按需要剪成条状。

机器做的堵头布可以论码买，这种堵头布只是用胶水粘上去做做样子，没什么力度，能不用就不要用。

　　如果封板和书心之间使用了皮质接缝条，那么堵头布也可以使用上过浆的柔软皮条。可以将两端留得稍长些，在为封板贴上皮革后，多出来的部分正好可以埋入封板的凹槽里，然后再将接缝条粘贴牢固。在我看来，这种方法虽然毫无结构上的价值，但是和那些被生硬剪截的堵头布相比，要更精致一些。

第十二章

预备装封
削薄皮革
粘贴封皮
书角斜接
封板内面

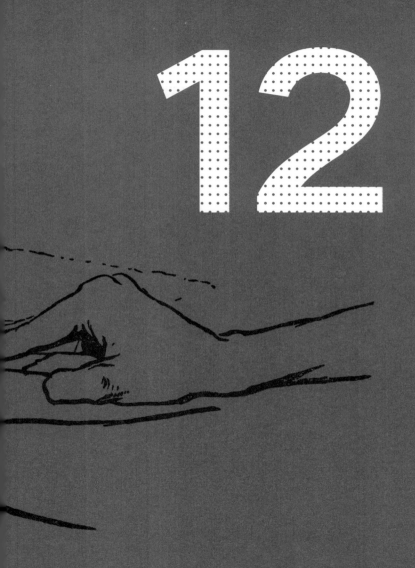

PREPARING FOR COVERING — **预备装封**

堵头布缝上之后，在书脊的顶部和根部要粘上牛皮纸，或者其他的厚纸，要注意，一定要牢牢粘在书脊和堵头布上。等干了以后，把高出堵头布的部分精心地修剪掉，拿砂纸在书脊部仔细打磨一遍，打磨掉任何缝订堵头布时留下的不平整的结节。对于大多数的书来说，这样的贴衬就够了，但对于很厚重的书来说，在上下堵头布之间，最好再用麻布或薄的皮革贴衬一下，只要在书脊上薄薄地上一层胶水，粘上麻布或薄皮就可以了。

现在，在粘贴封面封底之前，最后要做的一件事就是定下飘口，并在每张封板的脊角处切掉一小块，这样打开或合上书封时，就不会拉扯到书头盖。至于究竟要切掉多少，每个装帧师都有不同的习惯，我觉得，以八开本为例，从内侧斜角切掉约八分之一英寸效果最佳（见图58）。小角切掉后，把封板翻转过来，书心和封板间的书绳头上涂满浆糊，趁这边浆糊在泡着，那边就定下书封的飘口。所谓定下飘口，也就是说，待封板固定之后，书顶书根给封底和封面留出的飘口尺寸是一致的。有时

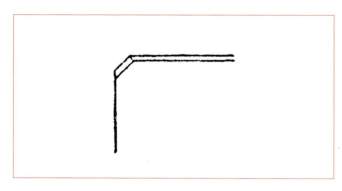

图 58

候，书根的飘口略大些也有好处，这样书脊下端的书头盖就不会碰到书架，关键在于要保证前后书顶飘口和前后书根飘口对齐。如果是没有被重新裁切过的旧书，书口往往会不平整，这种情况下必须将封板调整到齐平，这样书才能立得稳。

给书绳头上完浆糊，飘口也定完后，在封板的内外两侧衬上薄锡板，然后一起放入压机里稍微夹一下，把书绳头压平。只需轻微施力，不然书脊或堵头布的衬纸会压皱甚至掉下来。

PARING LEATHER 削薄皮革

书绳头还在压机里定型的时候，就可以开始准备封面所用的皮革了。裁切封皮很有讲究，同一张皮革，在这位装帧师手里只能裁出四张封皮，到了另一位更会琢磨的装帧师手里，就有可能裁出六张。动物的背部和上侧部的皮革，厚实坚固，配得上最优质的书籍，而腹围肉多皮松，皮革就不够耐磨，不适合用在考究的装帧上。

裁切皮革，要留有余地，除了要覆盖住整本书，每边还要多留一英寸左右，作为内折边之用，皮革裁切以后还要削薄。如果是来自欧洲供应商的皮革，通常在销售之前已经做过削薄处理，根据客户的要求，削到指定的厚度。这样虽然很方便，但也在某种程度上造成了书用皮革普遍太薄。更稳妥的方法是购买厚实的皮革，由装帧师根据具体需要来削薄。对于小开本的书来说，为了方便开合，书封看上去也不至于太过笨重，接缝和封板边缘处就要削得薄一点。这类书要选用本来就很薄的小张皮革，不要特意去裁小削薄，这点非常重要，大张的厚实的皮革应该留给大开本的书籍。

装帧师喜欢用大张皮革，因为浪费得少。但如果把这样的大皮革用于小书，打薄过程中大量的皮质就要被削去，只能留下比较脆弱的带纹理表皮。而现代的染色工艺，又常常使皮革表皮受损，经过这么一番折腾，有时候皮革的力度就丧失殆尽了。

封皮按尺寸裁好后，把书本放在上面，封板打开摆好位置，用铅笔绕封板一周画线，在书脊处做好标记。然后开始削皮，封板边缘处的皮要削得较薄，但要注意，要有控制地削得渐渐变薄，而不是突兀地削下去，否则封皮面蒙上去后，在书的表面会有一道削痕。

削皮力求均匀平滑，任何一点不平整，在打磨压平后都会显现出来。接缝和书脊处的皮料，尤其要精心预估该削到什么程度，装帧师的目标应该是在能自如开合书本的前提下尽量留得厚一点。书头帽处的皮革要尽量削薄，因为这个部位要盖住堵头布，于是乎两层厚度叠加在一起，容易使得这部分突出于书封的边缘之外。这会造成严重后果，尤其是在书根部，如果书头帽超过封板，书上架后，整本的重量压下来，时间一长，肯定会被磨坏。

削薄皮革要用法式圆刃削皮刀（见图60A），这是唯一

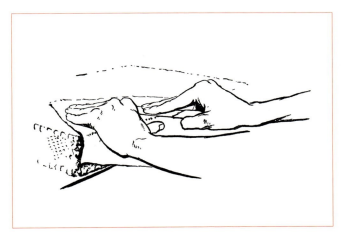

图 59

能让装帧师对皮革拥有足够掌控力的刀具,使用方法见图 59。想要正确娴熟地使用这种削皮刀,需要反复练习,主要是练习如何用平推的方式削皮,而且刀口朝下的一面还要稍微有一些毛糙,把刀在削皮用的平石板面上刮擦几下,就能取得这种刀口毛糙的效果。刀把不能抬得过高,应贴近石板,不然右手的下方支撑手指就会推过石板的边缘,平推的效果就会打折扣。图 60B 所示是另一种适用于削薄皮革的刀具。

测试皮革是否削得恰到好处，可将皮子沿封板边缘位置折出一道边，手指轻捏滑过。如果指腹下的感觉很平滑，说明削得很好；如果削得不平整，指腹的感受会很明显，那就需要继续削，直到这些不平整的地方全部消失。皮革削平以后，重新把封板打开的书本平放在皮上，像之前一样用铅笔沿着书口画一圈。如果接缝也是皮质的，那么在缝书之前就要把接缝用的皮子削薄。另外，书封内折处的皮革，要削得和皮接缝处的厚度一致，不然的话，靠近书脊的折角就不能完全服帖。

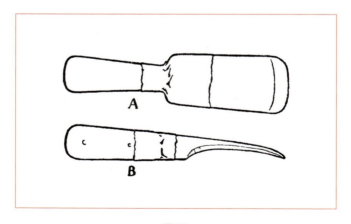

图 60

COVERING 粘贴封皮

　　装封皮之前，再检查一遍书脊上的每一道书绳是否平直，之间的距离是否均等。如有小瑕疵，需加以纠正。纠正的办法是把书夹在两块起脊板之间，送入横压机固定，然后用锤子轻敲一块小木片，按需要朝不同方向调整书绳。这一调整操作，最好是在书脊清洁完毕后进行，也可以在装封皮之前，将书绳略微沾湿来操作。飘口也要检查，书封的边缘用折纸刀仔细刮一遍，或者用锤子轻敲一遍，确保去除犁刀切裁时留下的毛边，或者任何不经意留下的空鼓之处。然后给书脊涂上浆糊，如果是大开本的书，就用比较薄的胶水，涂好后，放着吸收一会儿。然后，给封板涂上较厚的浆糊，浆糊要事先准备好，搅拌均匀。涂完以后可以把上过浆糊的那面对折起来吸收几分钟，趁这时候再检查一下书脊，用折纸刀把任何不平的地方刮平。在装封面之前，用竹节钳（见图61）把书绳再钳一下，保持它们的挺拔。此时，装帧师应备好以下用具：一块干净的削皮用石板、一两把折纸刀、一把镀镍竹节钳、一块干净的海绵、一只装着水的小碟、一根线、一截光滑的木棍（最好是黄杨木，叫竹节棍，用来平整书背竹节之间的封皮的）、一把剪刀、一把锋利的小刀、两张和书本一样大小的防水纸，如果是大开本书，还要一对带固定线的固定板，还有两块用吸墨纸或皮革包住的木条。竹节钳最好是镀过镍的，以防铁锈弄脏封皮，防水纸可以用摄影师用的薄赛璐珞纸。

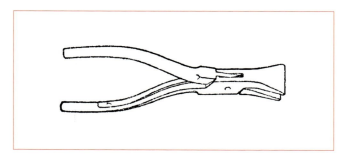

图 61

这一切都准备好以后，重新检查一遍上了浆糊的封板，发现干了的地方就补上，至于最合适的浆糊量只能凭借经验来判断。一般来说，厚的皮革比薄的皮革需要更多浆糊，但是，在每一处都能粘紧贴平的前提下，少

图 62

上浆糊比多上更好,如果上多了,浆糊堆积,粘贴之后,封皮下面就会有很难看的鼓包。当然,如果上得太少,封皮就会粘不住。

取来上过浆糊的封皮,挑选更完美的一面,将书的封面放在这面上,对齐内折的记号。再把封皮折过书脊,覆盖于封底那面之上,动作要轻柔,不要猛拉。然后,把前口朝下立起,下面垫废纸,将封皮的两边外折,覆盖住封面封底,如图 62 所示。用镀了镍的书绳钳将封皮下的书绳夹挺，在书背上形成竹节（见图63）。钳完以后，书背上可能会有些松弛的封皮，可将封皮拉向两边来绷紧。另一方法效果好得多，如果书背有足够余地，可以把富余的皮子均匀分布到书背竹节之间，这一操作需要丰富的经验，一般人轻易不会尝试，但如果成功，效果上佳。现在，覆于书上的封皮，经横向而非纵向拉伸盖住书绳背上的竹节，封板上的封皮应该是完美地盖在上面的，没有一点拉伸。用手抹平书封口处的封皮外侧，然后抹平边缘和封口内侧，用折纸刀把书封的边缘和内侧刮平，擦干净挤出来的过多的浆糊，前后封板口的封皮被内折进去之后，再内折书顶和书根。在折进堵头布外的封皮时，稍稍涂点浆糊，把它整齐地折入封板和书脊之间，内折进去时，用力一定要很均匀，不然会在书脊上造成突起。前后两面封板上封皮的内折都要这样均匀用力，然后用折纸刀把边缘刮得平直，图64所示是内折封皮时最常用的折纸刀。在书角，内折的封皮要尽量往里拉，用两把折纸刀顶住，其目的是不能让封皮在书角弄破，然后用剪刀把重叠的部分剪掉（见图65A），把一边平整地嵌入另一边下面。注意，在整个过程中不要弄脏书页。

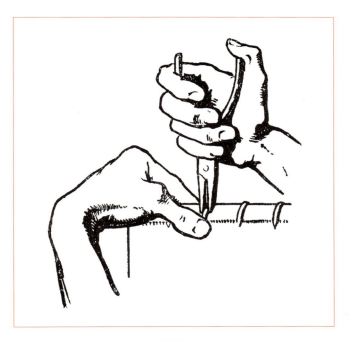

图 63

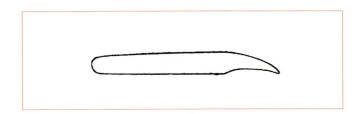

图 64

第十二章

在堵头布处内折的封皮，这时应该已按需要被削薄，用折纸刀把它挤到一起，然后拉出来形成一道均匀的突边，之后可以翻过来做成书头帽。待书背两端都这样折进去之后，把封板打开，用一块直板贴着接缝处顶住（见图66），以保证接缝处有足够的封皮能让封板开合自如，用折纸刀把书顶和书根处折进去的封皮仔细刮平抹顺。

在书心前后放好防水纸，以防书封上的湿气渗透弄皱书页，之后，书本就可以合上了。前口朝下将书立起，

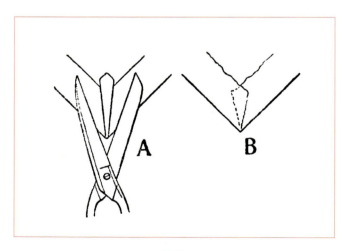

图 65

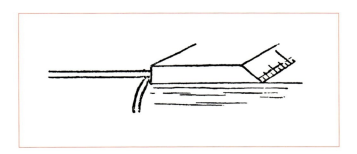

图 66

图 67

再次用镀镍书绳钳把书背上的书绳竹节都钳一遍,让竹节保持挺拔,用竹节棍把竹节之间的空当仔细抹压一遍,保证封皮在每一点上都和书封严密粘合。拿一根线,绕着书脊从书顶到书根缠几圈，以挤压封板切割缝隙处的封皮，然后，把书竖立起来，书根朝下，下面垫上一把折纸刀或别的物件，将书略抬高，以防书头帽被压平变形。现在可以为书头帽定位了（见图67），方法是：把左手食指放在书的后方，拿一把锋利的折纸刀把堵头布和缝线之间的书头帽角压进去，封皮盖过堵头布，然后整个翻过来放在石板上，用折纸刀将脊部刮平。整个操作过程要特别注重细节，书头帽的形状如图67所示。对书头帽

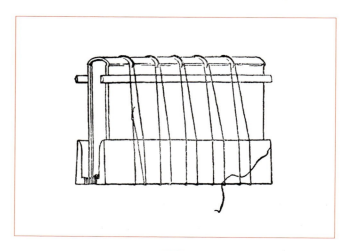

图68

和边角的精心处理，虽然并没有给书籍带来结构上的优势，但是提升了后期装帧装饰的价值。

如果是大开本书籍，最好是绑起来，绑法如图68所示。绑书的绳子会在书背的竹节边留下勒痕，这在大开本的书上并不显得难看。如果不喜欢这些印子，最好绑半小时就松开，然后用竹节棍把这些印子刮平。即使是小开本书，如果封皮有问题，也同样可以绑一小会儿，松开，把印子去掉，再绑起来。

MITRING CORNERS AND FILLING-IN BOARDS 书角斜接和封板内面

装好书封的书本，应置于轻压之下，阴干过夜。要注意的是，在潮湿的书封和环衬之间必须隔放防水纸，以免书心受潮卷曲。等到书封完全固定后，小心地打开书封，打开时，将封板轻轻向接缝处挤压，保证接缝的平直和匀称。有时候，我们可能发现接缝处内折的皮面有些僵硬，如果遇到这种情况，那么书封最多只可半开，然后用蘸水的海绵将接缝处的封皮濡湿，稍等数分钟让

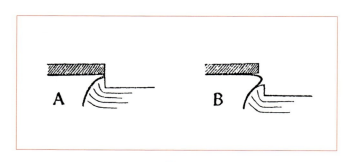

图 69

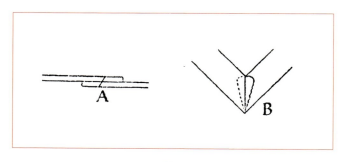

图 70

它吸收一点水分,这样,书封就可以不费力地打开了。图 69A 所示是制作得比较好的接缝,而 B 图的接缝就不够好。

下一步骤是封板内面的填补和内角的斜接。填补封板内面的方法是：取一张和内折封皮同样厚度的纸张（如工程师所用的制图纸就很合适），裁到比书封略小一点，一边切直。把直边和封板脊部对齐后，中间放一重物压住，用双脚规在周边标记出想要的内折封皮宽度，然后拿锋利的刀把纸和皮革一起切断。这时，填纸在封板上的位置已标注明确，不整齐的封皮边也修剪光滑。这样，书封内侧的三边留有同样宽度的封皮，剩余部分正好被制图纸填满。接下来要将封皮的内角进行四十五度角的斜接，方法是：把两层封皮从封板角切到封皮的内折角，拿刀的时候要稍微倾斜一点，如图 70 所示。切完后，把内角的皮革彻底浸湿，去掉两边重叠的封皮，只留下干净整洁的直角接缝。如果书角因封皮太厚，内折处不够光洁整齐——这种情况时常发生——那就要把内角打开，用大拇指指甲把皮刮薄，再涂上浆糊内折回去。然后，可以把书放在石板上，轻轻用锤子敲击内角，再用折纸刀刮一遍，书角就能平直又挺拔。四个角的斜接都完成以后，就可以粘贴填补内面的纸了，纸张在涂上浆糊以后会稍微舒展膨胀，最好修掉一点点，这样就能刚好填上。封板内面填上并好好抚平后，需要把书封打开，将书竖着放置几个小时，让填纸在干燥的过程中把书封稍稍往内侧拉紧一点，以抵消封皮的拉力。

如果书封装帧中采用了皮接缝的话，操作步骤如下：取走不再需要的废环衬，把封板边缘和接缝处的浆糊和其他东西都清理干净。在多数情况下，封板会因为封皮的拉力而产生弯曲，必须把它们敲打或熨烫得完全平整。在粘贴之前，如果封板不能沿接缝完全放平，那么就要在封板上先粘贴一张涂过浆糊且拉伸过的薄纸，封板打开放着收干，薄纸就会把封板往里拉到平直。如果在粘贴皮接缝时书封还是弯曲的，没有拉平，得到的结果就是，书封从外面看上去翘曲得惨不忍睹。清理完接缝，放平封板之后，就可以着手粘贴书皮斜接内角了。接缝处的内折皮革须完整保留，否则皮革力度会减弱。进行书角四十五度斜接时，斜接线不必延伸至内角边缘，可以往里一点，斜接处最好保留部分重叠。出于这个需要，内折以及接缝重叠处的皮革都要削薄一点。皮接缝粘好以后，要把封板打开，直到晾干（见图71）。然后把内折处和皮接缝的地方修理整齐，让书封内侧四周的皮革宽度一致，最后在中间填上一张厚纸。

书角和填纸都收干之后，书封可以合上，准备开始最后的装饰工序了。

书的封皮上如果有污渍，通常会用草酸溶液清洗，这种做法其实非常危险，很可能会毁了皮革。皮革还湿着的时候，千万不能接触铁钢类工具，不然会留下严重的锈斑。

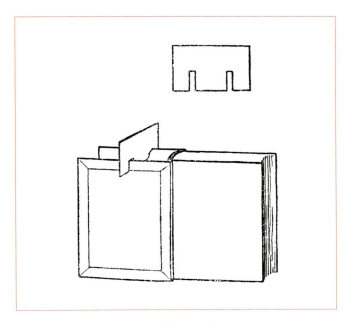

图71

第十二章

图书馆装帧

装帧超薄书籍

剪贴簿

犊皮纸装帧

用刺绣或织物做书封

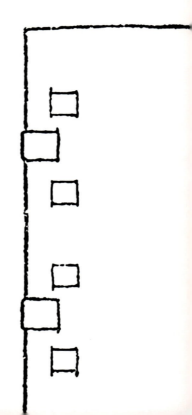

LIBRARY BINDING 图书馆装帧

大型图书馆需要的是低成本装帧，于是，设计上就要相应地做些必要的修改，牺牲一点外表，以换取牢固度和耐用度。可惜在现实中，许多图书馆经常是本末倒置。好的装帧有以下几个基本要点：每一叠书帖都要很结实，插图页或单页都要以可缝订的保护条裱衬，而不是简单地粘贴，也就是说，任何一页都应该可以直接打开到书脊；全书的缝订都要绝对结实；缝订所用的材料，须质量上乘；书绳头要牢牢地穿系粘贴在封板上；封皮要选较厚且耐用的，为降低成本可以用表面有瑕疵的皮料，这种有瑕疵的皮料价格要便宜一半甚至更多，表面的瑕疵不影响皮料的力度；缝订书帖时可使用书带，能让书脊拥有最大的灵活性，继而节省很多时间和成本。采用法式接缝，所用的皮料比普通的可以厚实很多，相应的力度就会增加。

为图书馆装帧一本八开或更小开本的书，步骤如下：首先整理准备好所有的书帖，插图和地图都裱衬好保护条。准备好有之字形的环衬，书帖都彻底压平后，就可以做上缝书的标记开始缝订。如果缝订时使用书带，每条带子需要做两个标记。如果要缝几本同样尺寸的书，可以把它们叠起来放在缝书机中，缝订在同一条书带上。因为缝订之后，书心可以在书带上移动，书带要足够长，给每本书都留下书带头。

图书馆装订所用的封板一般是剖板，可以采用薄型黑色书封纸板配上稍厚的黄纸板来制成。方法如下：裁取足够大的厚纸板，正中覆盖上一条约四英寸宽的书封板纸或锡板，其他地方都涂好胶水。取走这条盖着的板纸，把薄纸板放上去，放入压机中夹紧。收干之后，顺着中心线一切为二，这样就有了两张除了靠边的两英寸之外别的地方都粘住的封板，因为有剖开的部分，故称剖板。然后用封板机将剖板按书心所需尺寸切得平直。给书脊上胶，按正常步骤扒圆起脊，用切纸机裁切书口。把书带的线头在离书脊约一英寸半处切断，粘贴到废环衬上。打开剖板分离的部分，涂上胶水，中间放入粘贴好书带头的废环衬（见图72），放入压机夹紧。接缝采用法式接缝，剖板要放在离书脊约八分之一英寸处，接下来就可以装封面了。封皮不要削得太薄，法式接缝有足够的余地，可以采用较厚的封皮。如果时间和成本有余裕,还可以加制堵头布,但这并不是必需的,可以在书顶和书根的封皮内折处塞粘一截绳线以代替堵头布。封面做好以后,用一根绳子绕着接缝绑住书本,放入压机夹紧,书封的四角用小块犊皮纸或羊皮纸加以保护。也可以用优质的纸张来做书封,其耐磨度堪比布料,但外观更佳,成本更低。

图书馆藏书上的印字也非常重要(详见第十五章)。

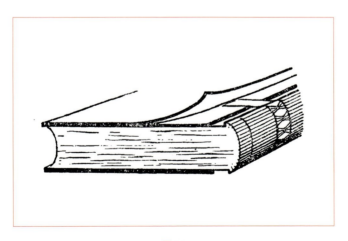

图 72

装帧超薄书籍　　BINDING VERY THIN BOOKS

只有一叠书帖的书本，装帧步骤略有不同。取一张与书页相配的纸张和两张做环衬的彩色纸，沿书帖折起，外面再裹一张"废纸"，废纸的脊部粘上一条亚麻布。将上述纸张穿过中缝缝订到一起，之后把没有贴亚麻布的那部分废纸切去，贴了亚麻布的插入前后剖板，之后的步骤与图书馆装帧相同。靠书脊处的封板要磨薄一点，且不要紧贴着书脊，接缝处留出一定余地方便开合。

按正常步骤装上封皮，只是书顶和书根的亚麻布要剪开一点以便内折进去，如果事先已经插入了防水纸，现在就可以粘贴上环衬，合上书封，把书本放入压机夹紧。如果用一块薄皮革取代封面封底的彩色纸的话，可以做个皮接缝与之相配。

剪贴簿　　SCRAP-BOOKS

用来粘贴书信、素描或其他纸片的剪贴簿，可按以下步骤装帧：选取足够的优质纸张，折叠成所需的尺寸，再用同款纸张裁成相同高度的纸条，宽约二英寸。将纸条沿中线对折，分插入每张大纸的脊部之间，如图 73 所示。书帖的中部就不要插纸条了，不然缝书时会较麻烦。书心缝订之后，可以在书页之间夹入些废纸，让剪贴簿饱满起来，在其他的工序里就比较容易打理。

剪贴簿最好用暗色或带颜色的纸张来打底，如果选用白纸，信件或纸片上的任何污渍，都会显得更脏。

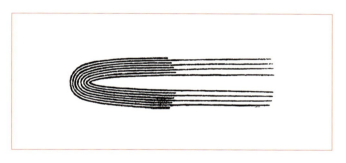

图 73

手书信件的装裱方法如下：如果信是写在单张纸页的两面，可以采用"内嵌"的方式，或粘贴保护条进行裱衬，如图 74A 所示；如果信是写在折叠便笺纸上，折叠处要用柔韧的薄纸裱衬一下，再按图 74B 所示的方式粘贴保护条；如果信纸是特别厚的那种，就要用到双层保护条，如图74C所示。信纸边角有损坏的，可以用薄薄的日本纸来修补加固。

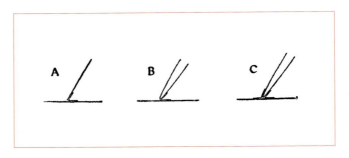

图74

只在单面书写或印刷的薄纸，可直接装裱在剪贴簿的页面上，最好只在纸页的最边缘粘贴，如果把整张纸都粘上，可能会导致纸页的卷曲。

用铅笔写的书信或其他文字绘画，在插入之前都要先做上浆处理。

银盐感光照片的裱贴，最好使用摄影经销商专卖的特殊快干浆糊，贴照片的书页稍微湿润一下，照片贴上去后就不易起皱，以此方式贴完以后，收干时两侧要衬上防水纸。如果只粘贴住照片的边缘，它们就不太会让下面的书页起皱，但这样贴的缺点是照片本身可能不平整。

如果需要粘贴的书信或纸片很厚，那就要多去掉几张书页，使书心和书脊保持同样的厚度。

犊皮纸装帧
BINDING IN VELLUM

犊皮纸封面常有两种：一种是软犊皮纸装帧，不加封板，仅依靠缝订用的书绳穿系，这种封面会比较软塌；第二种是将犊皮纸封面粘贴到硬挺的封板上，其步骤与皮革书封的制作相同。

如果软犊皮纸装帧的书口要裁切或烫金，必须赶在缝书之前进行，环衬可以用一块对折的薄犊皮纸来代替。缝订书帖要用犊皮纸书带，书脊在上完胶后仍保持平直，堵头布的制作同皮革装帧工序；或者用皮革的小条，两头留出足够长度，穿系到犊皮书封上（第十一章已经谈到）。书脊和堵头布的贴衬也使用皮革，然后就可以装书封了。

剪一块足以包覆整本书的犊皮纸，四周留出约一英寸半的余地，在反面用折纸刀做好标记，如图75A所示。1和2是封面封底加飘口，3是书脊的宽度，4是前口处的重叠部分，5是要剪去的角。把边缘内折，如图75B所示，把重叠的4折进去，再折好书脊，如图75C所示。把书绳头穿过犊皮纸上的开口系好。

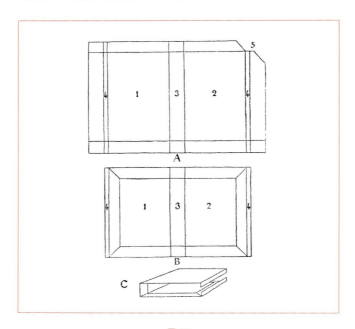

图75

在封面内侧散衬一张有色纸，以防书内有任何标记透过犊皮纸显露出来。按图76所示，用优质丝带将书页穿系好，不仅要穿过书封，如果有犊皮纸做的环衬的话，也要穿过，也可在两头留出足够的长度以便打结（见图76）。

如果环衬是纸做的，丝带只须穿过书封，环衬从书封里侧直接粘贴在丝带上。

另一种能让犊皮纸书正常合上的方法如图77所示，用一根一头带着珠子的羊肠线固定在一面，一个羊肠线圈固定在另一面，如图所示套住珠子，封面封底就合上了。

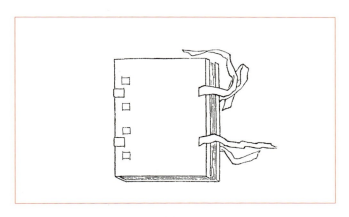

图76

如果要将犊皮纸粘贴在硬挺的封板上进行装帧，那么书帖最好是用书带或犊皮条来缝订，起脊方式同皮革装帧，把书带头插入剖板中间，做一个法式接缝，如图书馆装帧所描述的那样。犊皮纸很硬，如果直接粘贴到书脊上，书本就很难打开，这种情况下最好采用腔背装。

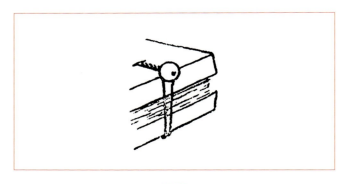

图 77

做腔背装的方法是：拿一张结实的纸，剪成书脊的长度和三倍的宽度，然后三折成书脊的尺寸，中间那部分紧紧地粘在书脊上，另两边折过来后互相粘上（见图78），于是形成一个扁平中空的壳子，下面是粘在书脊上的那层纸，上面则是两层纸，犊皮纸书封就要粘在那两层纸上。还有一个更好的办法，在书脊上贴衬一块皮革，然后把一条和书脊一样大小的厚纸，粘在涂了浆糊的犊皮纸上，位置就是装封之后书脊所在的部位。这样做的目的是：在书脊的位置上，形成一个不是粘实的分离层，封面打开后，书脊不会跟着动。

现在准备装封面，犊皮纸应该先按尺寸切好，用纸贴衬。在给犊皮纸上贴衬时，浆糊里不能有结块，还要小心不要留下刷痕。规避这两点可采用以下方法：贴衬的纸涂上浆糊之后，把有浆糊的那面朝下，在事先铺好

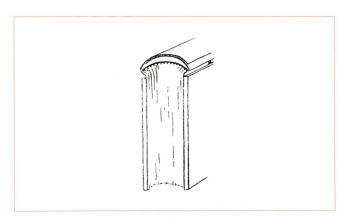

图 78

的废纸上一放就马上拿起，这样可以去掉多余的浆糊和刷痕。粘贴好衬纸的犊皮纸，夹上两张吸墨纸，放入压机轻压一下，趁着还潮湿的时候涂上浆糊，粘上书封；书角进行四十五度的斜拼贴，再拿一根细绳绑住书头帽，压进法式接缝中。

在书封内侧垫上防水纸，放入压机中，在轻压下收干。如果犊皮纸太硬，不易内折，可用一点温水打湿软化。

有时候，书背有竹节突起的书籍，会采用犊皮纸做书封，但书背会变得非常僵硬，虽然外表看上去很好，还是不推荐。犊皮纸是一种耐用的材料，成品质量可以很好，但是太容易受气温变化的影响，因而对于大部分的装帧来说并不合适。

用刺绣或织物做书封
BOOKS COVERED WITH EMBROIDERY AND WOVEN MATERIAL

用刺绣面料做书封，方法同犊皮纸书封，也是采用剖板、法式接缝和腔背装的书脊（见图78）。用稀释均匀的薄浆糊涂满书脊，将刺绣面料的首尾内折进去，找准书脊的位置放下粘上，用手指推按刺绣面料使其完全贴合。等到书脊牢牢粘住，把剖板所用的两块板依次涂上浆糊，将刺绣覆于其上，最后给边缘涂上浆糊，在封板内侧粘合，书角进行四十五度斜接。丝绒或其他厚的织物都可以用这种方法，但如果是很薄的织物，浆糊会渗透而污染面料，封板和织物之间可以不用粘上，只粘住内折的部分，之间可以散衬一张优质纸张。

封板内侧书角被裁切处须整齐地缝好，封板的边缘和书头帽可以用金属线加以保护。刺绣书封上常会特意勾勒一些金属图案，形成凸起的装饰，或装饰有金属的书钉，以保护表面不受磨损。

如果封面上不小心沾上了浆糊，可把封面放在水壶的蒸汽上熏，擦掉化开的浆糊之后，再蒸一下封面。

第十四章

书封装饰工具

书籍装帧后期工序

犊皮纸压印

镶嵌皮革

书封装饰工具

DECORATION OF BINDING-TOOLS

压印是最常见的书籍皮面的装饰方法,可能也是最具特色的。加热后的压模,在书封的皮革上压印出花纹,这是书籍装帧的后期工序之一。所用工具是压模,也就是金属印章,印面上刻花纹图饰或文字,装有操作木柄(见图79)。

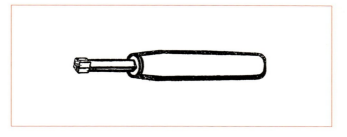

图 79

压印有两种,一种是无色压印,压出热压模的印痕;一种是烫金压印,压模在皮面上留下的是金印。

无色压印的压模最好是阴文刻制,和印章是一个道理,印面上凹下去的部分是装饰所用的图案,凸出来的部分会把封皮压下去,形成图案的背景。而烫金压印中,压模表面凸起的部分形成装饰图案。

压模的图案可繁可简,也就是说,一个压模可以是自带边框的完整图案,也可以只是图案整体设计中的一部分,如图100。书封上饰线的压印就有几种不同的工具,例如滚线刀(见图88)、弧线凿或直条锤。

弧线凿用以压印弯曲饰线,由一套印面是同心圆弧线的工具组成(见图80A),如果沿虚线C切断,又可以做出一套曲度小一些的压印工具。

直条锤可以说是一个滚线刀或滚轮的一部分再加上

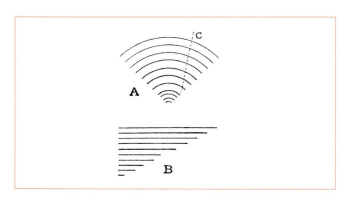

图80

个手柄，主要用来在书脊上压印饰线或其他饰纹（见图81），也有不同大小成组套，图 80B 所示就是一套单线的直条锤。

滚线刀能同时滚压出两条或更多条线，虽然用双线滚线刀能节省时间，但我发现有几把不同宽度的单线滚线刀，已经够滚压出书封上需要的所有的直线了。虽然使用时稍麻烦，但胜在能够任意调节平行饰线之间的距离。除了使用固性印模之外，在滚轮上可以刻印的图案是无穷无尽的，能在封皮上滚压出各种无色压模或金色压模的图案。

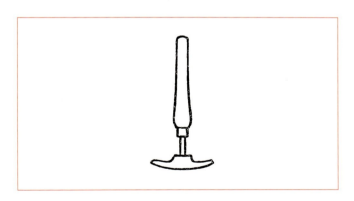

图81

在书籍装帧的后期工序中使用滚轮的传统,可以追溯到15世纪末,一些相当不错的装帧装饰就是得益于它。正因为使用上的方便,滚轮在现代已经被滥用了,至今我没有见过一例现代装帧用滚轮达到满意的效果。节省了时间和精力,代价却是丢失了图案的自由和生动;在高精装帧中,使用简单图案的小压模,组合变幻出无限的可能,胜过仅仅使用滚轮。

手工操作的压印模具不宜太大,不然会压得不清晰。想要得到确定而满意的效果,无色压模不得大于一平方英寸,烫金压模不得大于四分之三平方英寸。超过这个尺寸的压模,也就是所谓的块模,操作时需要压机的辅助。

书籍装帧后期工序　　　FINISHING

书籍装帧的后期工序指的是装订完毕之后的装饰,要做的第一件事情就是用磨光器把书背上任何不平整的地方打磨光滑。

图82所示是两种磨光器,下方这种适合打磨书背和内侧皮边,上方这种适合打磨外侧。磨光器在使用时要

加热，但不能太烫，太烫会烧坏封皮，还有就是使用时要在封皮上一直移动，不能停留于一处。磨光器在使用之前要先用最细的砂纸打磨到发亮，再在皮子上刮擦磨光。崭新的磨光器可能会有尖利之处，会在封皮上留下刮痕，在启用之前要先用锉刀和砂纸打磨到光滑。

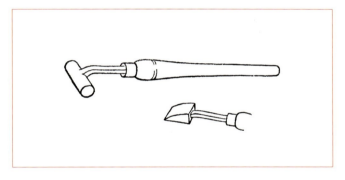

图 82

有些皮料，比如摩洛哥皮、海豹皮或猪皮，皮面的纹路非常显著，我们可以保留纹路的粗糙感，也可以将纹路压平。如果要做大量的装饰，最好是压平，但如果是大开本书，而且只做少量的装饰，那么就保留纹路。

如果选择压平纹路，可以在这个阶段进行，依次将书封用海绵蘸湿，之后放入平压机。有纹路的一面贴着上方的压板，另一面则放一叠吸墨纸或类似的表面柔软的材料（见图83）。旋紧平压机，将书封静置一小段时间。对于有些种类的封皮来说，最好是在完成全部装帧装饰之后再进行这个步骤，如果是这种情况，书封就不能在加压之前先蘸湿了。活脊锁线缝订的书籍，在装完封面后就不能再受重压，不然书脊上的皮面会挤皱甚至脱落。

　　如果要在书封上印字或加以装饰的话，那么下一

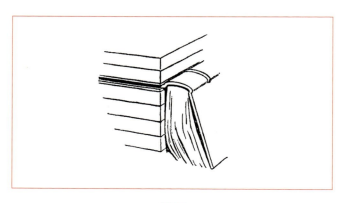

图83

步的任务就是挑选字体和图案，字体要先选定，详见第十五章，如果决定要在书封上做华丽的装饰，那就要在纸上把图案都事先画好，详见第十六章。

给书背压印纹饰时，把书夹在两块包了皮的起脊板之间，放入精压机旋紧（见图84）。把纹饰的草图铺在书背上，图纸的两端可略微粘贴在起脊板上，也可夹在起脊板和书之间。

装饰封面和封底时，在草图上涂一点点浆糊，轻轻粘住书封的四个角，然后把书放入精压机，待压印纹饰的那面打开，平铺在精压机的边缘，如果是大开本的书，

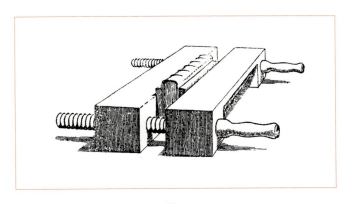

图 84

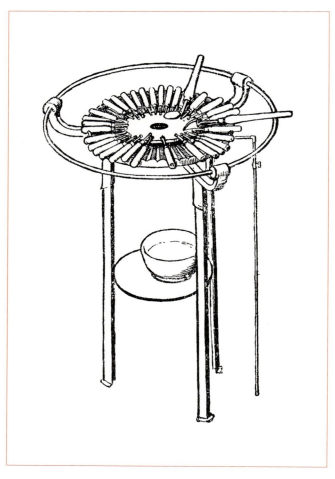

图 85 装饰压模炉

不用压机更方便一些。

选定的压模，这时应该已在炉子上加热准备好了（见图85），一个接一个地拿出来放到湿布上冷却，然后对准草图的印痕压上去。所需温度的高低，在很大程度上视皮革的质地而定，只能靠积累经验才能掌握。温度宁愿低些，也不要太高，因为如果印痕太浅，完全可以在拿掉纸后再压一次加深，但如果印痕太深或烧焦了，那就不可能弥补了。通常来说，理想的温度是，当压模碰到湿布时，发出轻微的咝咝声。要注意的是，冷却的时候，要把整个压模都放到湿布上，如果只冷却了印面，柄上的热量还是会传导下来，压模还是会太热。

移除草图时，依次将一个一个角掀开，仔细检查封皮，确保图案的完整，没有任何遗漏。

有些图案的设计是密集型的，或者背景采用了点彩法装饰，那就不必透过草图纸进行所有的压印。如果线条或图案的边缘通过图纸进行无色压印了，其他部分直接通过金页压印会更合适。采用这种方法，意味着整个封皮表面都要涂上蛋白胶，所以并不适合疏朗型的图案，因为蛋白胶会在大块空白的皮面上显现出来。

如果书封上的图饰只有线条，或是简单的直线型图案，只需借助直尺和折纸刀，反而比隔着草图纸压印更省力。给书背划印竹节间的边框时，几道边线要用折纸刀沿着直尺一气划成，直尺紧紧顶住书背的边。如果边线不是一口气划印的，那么就很难让边线一条接一条地全部对齐。边框的顶线和底线，可以用折纸刀沿着一条横过书背的犊皮纸硬条划印。如果要围着书封划一圈线条，可以用双脚规标出距离每边的相等距离，书背除外。书背处要从前口处量进来，再用直尺和折纸刀划印。

如果透过图纸做无色压印的图案里有直线，只需短短地标出直线的两端就够了，等到图纸拿走后，再用直尺和折纸刀划印补齐剩余的部分。

除非是经验丰富的装帧师操刀，否则的话，最好还是使用滚线刀和直线压模，把所有用折纸刀压出的直线再压印一遍。

无论是透过草图还是直接压印，无色压印完成，且镶嵌物也粘好之后（见第十四章），书封都要用清水洗净。有些装帧师喜欢用普通食醋或稀释的醋酸来清洗，如果用醋的话一定要选用最优质的醋，不能含有任何硫酸成分，便宜粗劣的醋肯定会伤到封皮。像犊皮和羊皮这种毛孔粗大的皮料，要用浆糊水来清洗，洗完之后还要上浆。

浆糊水就是浆糊加水调匀在一起形成的奶白色液体，用海绵蘸浆糊水，在封皮上尽可能均匀地擦一遍，浆糊水干了后，再用上浆水洗一遍。上浆水可以是用犊皮碎片煮成，也可以是在温水中溶解明胶或鱼胶制成。

至于像摩洛哥皮、海豹皮、猪皮这种毛孔细腻的皮料，就不必用到浆糊水和上浆水了，除非刚好碰到一块毛孔比较大的，或是下侧部或腹部的皮子，那么最好是在清洗用的水或醋里加一点点浆糊。趁着封皮将干未干之际，在压印处涂上蛋白胶，封皮装饰所用的蛋白胶是用打发得非常均匀的蛋白，加入一半量的醋稀释并拌匀，静置待用。有的装帧师喜欢用放了很久的臭烘烘的蛋白胶，但一般来说，打发彻底的新鲜蛋白胶在放置一天之后，已经非常好用。

用重型实心压模压印出来的印痕，要在第一层蛋白胶稍干不粘手后再涂第二层，如果封面所用的皮革毛孔粗大，所有的印痕最好都涂两层蛋白胶。

蛋白胶干了之后，看起来很明显，而且还会损毁皮面，要尽量少用，除非图案很密集，可只用在压模的印痕之内。一些原本很好的无色压印，却毁于蛋白胶的滥用，以至于压印周边发黑，这种败例并不少见。适用的蛋白胶须呈液体状且洁净透明，如果开始变厚，要先过滤一遍，或者干脆就扔掉。

装帧师当天之内上蛋白胶的数量，不应超过纹饰压印的数量，上了蛋白胶隔天才压印不可取。等到蛋白胶稍干不粘手，就可以开始贴金页了。

刚开始时，会觉得金页很难打理，对工作环境的最基本要求是不能有风，且垫子和刀具上没有油污，图86

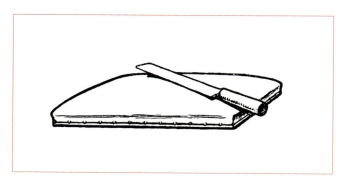

图 86

所示是金页垫子和刀子。垫子上撒一点砂砖粉,金页更容易裁切得整齐。裁金刀的刀刃,绝对不能用手去触碰,在使用之前,刃口两面都要在垫子上磨一下。把一本金页摊开到垫子上,用刀挑起一张金页,翻过来放到垫子上,往中间轻吹一口气,金页就能平平地铺开,拿刀子来回轻锯一下,就可以把金页切成所需要的大小。这时书封上的图案已经按照上文准备好,蛋白胶将干未干已经不粘手,取一小块蘸了点椰子油的药棉轻轻拭擦图案。然后,左手手背上也同样擦点椰子油,右手拿一块药棉垫,先将它在桌子上尽量压平,然后轻擦过手背,这样,药棉垫上的椰子油就刚好不多不少,可以粘起金页,并将金页移到书封上。这里用油不能太多,否则,移到书封上时,金页会吸附在药棉上下不来。用油量能少则少,太多的话不仅让污渍留在皮面,也会让金页失去光泽。反复的试验证明,相比其他的常用油类,椰子油对皮面造成的污渍较少,且用挥发油清洗更容易。

如果金页有裂痕,或者在书封上不够牢固,那么就需要再加一层,先轻吹一下,上面那层就能贴住了。

如果需要细长的金页条做线条,建议做一个有把手

图 87

的小垫子,上面覆盖软皮,如图 87 所示。可以用这个小垫子来粘取金页,然后覆在书封上。

如果你有一整叠的金页,经验表明,最好先用最底下的那张,然后再从上面往下用,不然用到最底下的金页时,它肯定已经破损了。金页要越纯越好,打制金页的人会说纯金打不到那么薄,但纯金的色泽胜过合金,虽然厚了一点成本也会比较高,但压印出来的金印更饱满持久。

一本二十四页三英寸半见方的普通优质英国金页,价格在 1 先令 3 便士到 1 先令 6 便士之间,而一本厚度加倍的纯金页的价格在 3 先令到 3 先令 6 便士之间，为了更漂亮更饱满的色泽，多花这些钱也是值得的。当然，压线和书口往往会用到大量的金页，薄一点便宜一点的金页应该也是足够用了。①

除了纯金，加入其他金属以改变金页颜色的合金也可以使用，但任何一种合金的颜色都没有纯金持久，那些加了铜的红金和加了银的淡金都很容易失去光泽，最好不要用。

压印银色图案，最好用铝页代替，因为银页很容易氧化变黑。

用药棉垫把金页压到印痕上之后，应该能清晰地透过金页看到图案的痕迹。

现在该用热压模透过金页压印图案了。从炉子上取下压模，如果太烫，就和无色压印一样先放在湿布上冷却一下。能让金印饱满炫目的热度因不同的皮料而不同，即使是同一种皮革，因为动物身体部位的不同，也会有

---

① 如今在英国专门出售书籍装帧工具的商店中，一叠 25 张 8 厘米见方的 22 开的金页，售价为 32 镑左右。23.5 开的，售价约 33 镑。——译注

细微区别。做实验时，可以等压模在湿布上不再发出咝咝声，试着压一两个印痕，如果金页没有粘住，就再稍微增加点热度。

如果封皮事先略有打湿，压模的效果通常会更好，要求的温度也比干透的封皮更低一些。

在使用之前，所有压模的印面都必须用皮革的内面擦亮，如果压模不干净，就不可能做出漂亮的压印。压印时，右手握压模，拇指压住木柄的顶部，再用左手的拇指或食指扶稳，肩膀要弯过压模上方，上身就成了一个压机。如果压印时利用好身体的重量，而不仅仅只靠手臂的肌力，压模会更稳更准，也不会那么费力。

操作大块实心压模时，需要把所有的力量都用上，但即使这样也不能保证一次成功。而小型的压模，如弧线凿或点模，就不需要使太大力，不然反而会切破皮面。

实心压模敲印时，先平直地放下，然后再轻轻地上下左右均匀碾动，但注意不要在金页上转动。

为了得到最佳效果，压模可以从任意方向敲压，压机和书本也都可以根据需要转到最易于操作的位置。

有些压模，比如圆形的花卉图案压模，就很难两次压在完全相同的位置，这类压模需要在边上做个标记，每次压印时，都要对准这个标记，这样重复压印就不会产生"重影"。压印的"重影"是指敲压的时候压模转动了，或者两个印痕没有完全重叠。

热的压模不要在需压印的图案上方停留太久，不然压模还没敲压下去，蛋白胶已经被烤干了。压模干脆地压下，利落地拿起，在封皮上留下的压印通常要比慢压出来的更亮丽。

在敲压点印的时候，把书顶转过来朝向装帧师，压模柄稍稍朝里倾斜，这样的压印在正拿书本时会显得更明亮。

使用弧线凿时，装帧师必须能看到曲线的内侧，用力要均匀，不然尖锐处可能会切入皮子。短直线可以用线压模，长直线则用滚线刀来压印。

图 88 是一把单线滚线刀，圆周上磨出的缺口是为了两条直线能够完美地形成直角。为了让直线透过金页清晰地显现出来，光线要从工人的左边顺着线照过来。因为滚线刀是一大片金属，所以最好备一盆水来冷却，因为用来冷却压模的湿布或海绵干得太快了。滚线刀冷却

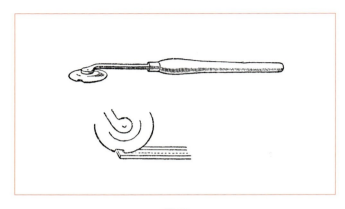

图 88

后，要用干净的布把边擦干净，缺口对准线角（见图 88），然后用均匀的力道把滚线刀推压过去。

压印稍稍弯曲的线，可以使用很小的滚线刀。

等所有准备好的图案都压印完毕之后，用一块蘸了点油的布或一块在煤油里软化的圆橡皮把多余的金页去掉，用过的布或橡皮之后可以卖给金匠回收里面的碎金。准备粘金橡皮的方法是：把圆橡皮切成小块，在煤油中浸几个小时，小块会聚集起来变成软软的一坨，这块橡皮可以一直用到粘满碎金页变成金黄色。

多出来的金页清除完毕后,装帧师应检查压印是否有不完整之处。不完整的压印要重新上蛋白胶黏合剂,再放上金页,然后再压印。如果整个图案上的金页都没有粘好,即使是最好的装帧师,难免也会出现这种状况,那么最好就是用水或醋把所有的压印都洗掉,从头再来过。

如果用油太多,会让金色变得晦暗,还会污损皮面,所以用新的金页进行修补时最好尽量控制用油。局部修补时可以用挥发油代替,用药棉垫取起金页后,在皮面上用蘸了挥发油的药棉赶紧擦一遍,马上把金页放上去,挥发油固定金页的时间有限,大概只有半个小时,但也有足够的时间进行修补了。

造成压印缺陷的原因很多,如果印痕清晰,但金印不饱满,很可能是压模不够热,或是压印的力量不够;如果只有一边的金印没有粘上,通常是因为压印用力不均匀;如果印痕模糊,金面似磨砂,那是因为皮面被烧焦,有可能是压模过烫,或压印时间过长,也可能是蛋白胶黏合剂太湿。

修补重影或烧焦金印的方法是:皮面蘸湿,浸一会儿，金页可用尖木棒挑出。待皮面快干时，用冷压模重压，再上蛋白胶，然后再压印一次。

如果皮面焦得厉害，修复如初的难度很大，有时最好还是在烧焦处补上一层新的皮革，再重新压印。

如果压模不小心压错了位置，压印是很难彻底消除的，最好的方法是把皮面全打湿，放着浸一会儿，然后用针尖把压印挑出。注意不要使用铁质针尖，因为铁会使皮面变黑。

如果皮革表面不够平实，就不容易压印，或者皮革质地太薄压不太下去，压印也会成问题。

压印完成，金页碎片也用橡皮粘除完毕之后，皮面要用挥发油洗一遍，以清除任何油污和被油粘住的金页碎片。

接下来要打磨的是书封的内边，并涂上一层清油，然后贴上环衬纸。或者，如果采用了皮接缝，那么封板上留出的空当要填上（详见第十七章）。

环衬干了之后，再行打磨书封及书背，然后上清油。

很重要的一点是，清油的质量一定要好，而且不能太厚，否则时间久了会变棕色，底下的金页就会显得很脏。

有些装帧师专用的法国轻量酒精清油就很合适,清油量不宜多,涂抹时最好使用药棉垫。在一块药棉垫上倒一点清油,先在纸上拭擦,直到清油看上去擦得很薄很均匀,然后以打圈的手法擦到书上。在保证每一处都擦到的前提下,擦得越快越好。温度太低,上清油的效果就会打折扣,所以如果是大冷天,书本和清油都要先稍稍加热一下。如果不小心上了太多清油,或者上完后发现又要重新做压印,可以用酒精把清油去掉。清油的作用是保护皮面,但如果太多,反而会让皮面变脆易损,所以在接缝处尤其要少用。希望在不久的未来能发明出一种既有弹性又不会让金印暗淡无光的清油。

一旦清油收干,即可开始压书封。书封依次单压,在压机里停留数小时,使皮革的表面光滑平整(见图83)。

封面封底分别压好之后,把书本合上,两边夹上压板,再放入压机,书封内侧要垫放用纸包好的锡板。书背较紧的书本,施加的压力要轻,不然皮面会脱落。

如果书本从压机里面拿出来后,书封还不能正常合上,那么就要在书的前后各放一张折起来的吸墨纸,吸墨纸内折进封板里面,当书封合上之后,折入部分靠近

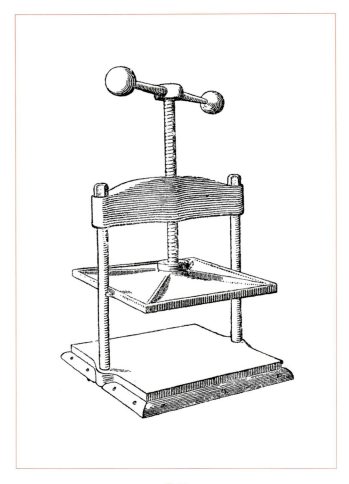

图 89

书背的接缝，这样再送入压机平压一次。

图 89 是一个压力较小的小型夹压机。

犊皮纸压印
TOOLING ON VELLUM

大部分的犊皮纸封面有点黏性，因此碰过之后会留下印迹，需要在压印之前用清水先洗掉。在犊皮纸上做无色压印，方法和皮面一样要透过草图纸，只是不能把纸直接粘在犊皮纸上，而是应该用线圈箍在书封或书本上。蛋白胶最好上两次，用挥发油粘放金页，每次一小片。犊皮纸很容易烧焦，压模绝不能太热，要保证压模在硬面上不滑动，还是很需要一些技巧的。

犊皮纸不能打磨或上清油。

镶嵌皮革
INLAYING ON LEATHER

镶嵌或镶贴都是书封的装饰方式，在皮革书封上，添加不同的皮革。比如一本红色的书，可以在书背竹节间或书封边框或任何其他部位，镶嵌薄薄的绿色皮革；

或者做出嵌皮的花瓣和叶子，再用不同的颜色在嵌皮上进行压印，达到宝石一样的效果。镶嵌所用的皮料要削得很薄，先把皮切割成条状，浸湿，放在削皮石板上，用类似图 60B 这样形状的刀子削薄。等皮干了之后，用钢质穿压器压出叶子、花等形状。如果只需少许嵌皮，可以用压模在削薄的皮革上压出印子，然后用锋利的刀切出需要镶嵌的形状。大片嵌皮的边缘要仔细地削到光洁。如果需镶嵌的皮面比较大，要用法式刀削得非常薄非常均匀，然后在有纹路的那面粘上一张纸收干。收干之后，把需镶嵌的形状在纸上画好，连纸带皮一起剪出，边缘要仔细削光，上好浆糊后粘上去，放在压机里夹紧让它粘牢。等浆糊干了之后，将纸浸湿并洗掉，这张纸的作用是防止薄皮在上了浆糊之后泡发膨胀。

如果要做白色的镶嵌图案，最好用日本纸代替皮革，因为白色的皮革在削得很薄后会透出下面的颜色，这样看上去很脏。如果用纸，要在压印前先用犊皮纸浆水上浆。

如果要镶嵌很多小点和叶子，可以用压穿器压出所需的形状，皮面朝下放在削皮石板上，拿一张涂满浆糊的纸盖上去，纸再拿起时就粘上了这些嵌皮，用尖细的折纸刀头把它们一个个粘嵌到书上去。

需压印的嵌皮,要在图案压好之后再粘上去,等浆糊快干时,再用压模压一下。

如果是犊皮封面,与皮革嵌皮相近的效果,可以通过晕染来达到。

第十五章

字母压印

无色压印

家族徽章装饰

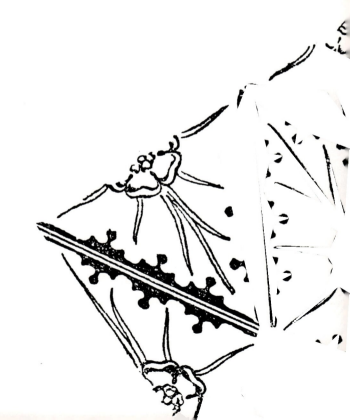

15

LETTERING ON THE BACK　　　**书背字母压印**

压印字母可以单个压印,每个字母都有自己的手柄,也可以先在活字托盘里排好版,一次性压印到书脊上。虽然采用排版,字列更整齐,也能节省一些时间,但单字压印拥有更多灵活布局的自由,所以建议做特精装帧时采用。当然,如果要批量印制相同书本,那么排版压印更合适。

字母的设计非常重要,几乎所有装帧师的字母都做得太窄,笔画的粗细差异太大。感谢埃默里·沃克先生①,我们有了图90所示的字母表,Q的长尾巴就应该伸到U的下面,还可以再做一个尾巴短一点的R,如果后面刚好紧跟的是A,可以减缩字母的间距。我发现,有了四种尺寸的字母,就可以满足所有书本的要求了。

要制作一张书背印字纸,先拿优质薄纸剪成长条,

---

① 埃默里·沃克先生(Emery Walker,1851—1933),英国版画家、印刷师、字体设计师、摄影师,19世纪末美术与工艺运动的核心人物之一。他与威廉·莫里斯是近邻,正是他收藏的16世纪的字体给了莫里斯建立凯尔姆斯格特手工书坊的灵感。——译注

图 90

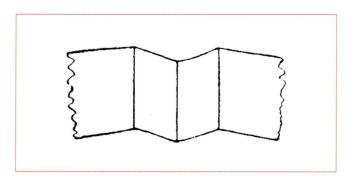

图 91

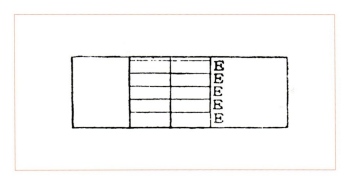

图 92

宽度等同于书背印字版框的高度。在近中间处折叠,用铅笔沿折线画一道,这条线应该与纸条的上下两边成直角。然后在距离这条线书背宽度处再折一下,把两道折痕并在一起,正好在中间的是第三道折痕,现在纸条就像图 91 所示。假设要印的是 "*THE WORKS OF ROBERT LOUIS STEVENSON*"(《罗伯特·路易·史蒂文森作品集》),首先选择你要的字母大小,拿字母 E 在另一张纸上敲印一排 E,然后把折过的纸条和它对照一下,看看大概能排得开几个字母。假设一行能放五个字母,总共能放下四行,你要看一下标题能否分成每行五个字母的

图 93

图 94

四行，或者更少。可以像图93这样排列，但如果你不想拆分STEVENSON这个人名，就要选用小一点的字体，排列效果如图94所示。

要确定每行字在书背版框中的位置，再拿字母E沿版框边敲印五下，如图92所示，在最下面的字母和版框下沿之间，留出略宽于字母间的距离。然后将纸条沿中线折叠，把双脚规定在两个字母顶部之间的平均距离，在折叠纸上印五个点，打开纸翻过来，用折纸刀沿着直尺把点连起来，于是纸的正面会出现五条突起的线，每个字母的顶端必须靠着这些线。

数一下排在第一行的字母，在中间的那个字母上做个记号，单词间的空格也算一个字母。比如"THE WORKS"，"W"就是中间的字母，把它先放到纸上，再把其余的加到两边。中间字母的摆放需要琢磨一下，要把"M"、"W"和"I"、"J"这些字母本身的不同宽度也考虑进去。

通常来说，当字母能排满整个字框时，看上去也是最舒服的，但这不是每次都能做得到的。如果书名只有一个单词，最难编排，比如要把"*CORIOLANUS*"（《克里奥兰纳斯》）放到不足八分之五英寸宽的书背上，如果整个单词如图 95A 横着排，字体会太小看不清楚，离得稍远一点，看起来就是一条金线；如果用大一点的字体，就要把单词拆开，如图 95B 所示，可能好一点，但还是觉得不完美；当然单词也可沿着书背竖着排，如图 95C，但这样的编排，遇到有凸起竹节的书背，就很难看，应尽量避免，除非万不得已。

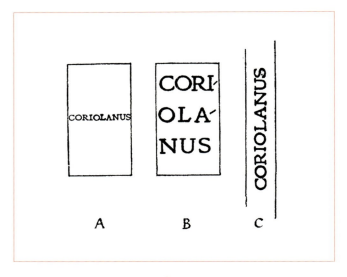

图 95

在同一本书上，要尽量避免用不同大小的字母印字，至于不同字体，更是绝对不可以。偶尔有足够的理由，例如为了整个书名能用上稍大一点的字体，可以允许用小字体缩短书名中某个单词的长度。特别在一套丛书中，如果有一本比其他都要薄很多，通常可以妥协一下，在薄的那本上用小字体，这比为了追求统一而在整套书上都用恼人的小字体要好得多。

有时候，书背薄得几乎印不了任何字母，这种情况下最好就印在侧面。

有些特殊的书籍，追求的就是流光溢彩，就是与众不同，对这类书，印字上可保持相当的自由度，甚至可享有一定的神秘感。但是，在大多数情况下，书是以标题来识别的，印字尽可能清晰，这比什么都重要，而且要和整套书保持一致。

设计特精装帧所用的印字纸样，很费工费时，用在半皮装帧或工时有限的书上，显然所花费的时间和精力都不值。给这类书印字，应该先把字母仔细地写下来，整个字框上好蛋白胶，放上金页。用一根薄薄的绸带或丝线可在金页上揿印出字行的标志，然后就如同印字纸样，从中间往两边排字。当然这个方法做不到像设计纸样那样有周密的计算和调整，但本着力求印字的清晰度和可辨度原则，效果还是很好的。

无色压印　　BLIND TOOLING

在本书的最后，提供了一些有特色的无色压印例图。我们可以看到，大多数压模都是完整的图案，虽然使用可分离的阴文刻印压模很普遍，但是也有许多图形简单的压模，组合起来能形成相对灵活有机的图案，从而给予装帧师更多的发挥余地（见图96和图97）。

做无色压印时，装帧师也常常使用相互交错缠绕的带状图案，这些图案能用弧圆凿或小型的滚线刀来完成。有的采用了橡木封板、皮革书脊、结花装饰的装帧，我觉得，这样的装帧和装饰，用在古籍上，比用在大部分现代风格的书籍上都更为合适。

如果是简单的图案，就用双脚规在封面上做好记号，用压模直接在皮面上压印。如果图案复杂，就先做个纸样，无色压印的工序同烫金压印，都是透过纸样进行压印，

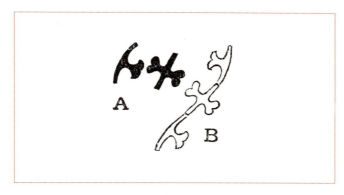

图 96

图 97

第十五章

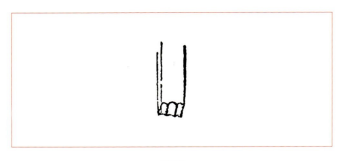

图 98

然后将皮面蘸水打湿,再用压模压一次。

从大多数 15 世纪之前的装帧中可看到,版框线条是用一种在皮面上推进的压模压出的,而不是滚轮。我发现,用一个压模沿着直尺前后快速挪动,能压出无色压印所能达到的最佳直线。要记住直线是由皮面上的突起部分形成的,所以压模要做成如图 98 所示的那样,能在皮面上形成三道突脊。无色压印可以反复操作,直到印痕够深为止,也可以结合其他各种工艺。比如,要做如图 99 所示的枝叶图案,叶子要用图 99A 中的第二个压模压五次,压印的端头处再用弧圆凿连接起来,枝蔓可以用滚线刀或弧圆凿压出,葡萄串最好用特制形状的压模。弧圆凿和滚线刀压印的边可以用如图99B所示的工具整修光滑，沿着压边过一遍，把持工具的手一定要稳，如果不停移动的话，工具很可能会变得很烫。图99C所示为压边在用这把工具加工之前和之后的样子。底子上可加圆点，也可以用其他小压模来做出图案。

有时候，无色压印也可配合烫金压印一起使用。

图99

15世纪，威尼斯装帧师曾经采用类似石膏粉质地的材料，制作出艳丽的或镀金的圆盘状图案，和无色压印混搭，这个方法可能会重见天日。

所谓"皮面工艺"，是无色压印的精进版，这种装饰方式最近又有抬头的迹象，但并没有获得广泛的成功。"皮面工艺"有两大分支：一种是在皮面上雕出图案的轮廓；另一种是在湿润的皮革的背面，勾勒凹线，从而在皮面上形成凸起的图案轮廓，有时候这两种工艺会结合在一起。在皮革背面做浮雕的方法，要求在装上封皮之前就完成，所以不大适合用于书封的装饰，先装饰好皮革再粘到书本上，总是无法和整体装帧浑然一体。皮雕工艺可以在装帧完成之后再做，皮面相对较平整，更适合书本，前提是雕得不能太深，且只限于在封板部分，不然会削弱书背和接缝处皮革的力道。很多用于"皮面工艺"的皮革质量低劣，不耐用，为了做造型，封板部分的皮革一定要有足够厚度，但为了便于开合，接缝处的皮革又要削薄。所以，采用的是整块的厚皮，但要削去很多皮质打薄，其结果就是一块脆弱的皮子（见第十二章）。"皮面工艺"的另一个常见缺点是，如果封底封面和书背的皮革，分别做好再粘上去，就会产生接缝，这些往往很薄弱的接缝恰恰是书本上最需要力度的部位。还有，在现当代"皮面工艺"界，做书封装饰的人不做装帧，这已成惯例，对装帧工艺没有深入的了解，自然也就拿不出合适的产品了。

建议所有从事皮面工艺的人士，自己先学会装帧自己要装饰的书籍，再考虑用上这些书本所能接受的装饰方式。

书籍封面上的家族纹章
HERALDRY ON BOOK COVERS

把藏书者的家族纹章印在装帧本上，这是个古老而美好的习俗，传统上最好的方法之一是先设计并制作纹章的压块。设计纹章压块，学点家族纹章学很有必要，还要明确地预知想要达到的效果。设计压块时通常会犯的错误是试图取得手工压模的效果，其实，压块应该是完全不同的。手工压模的效果主要来自小压模的压印在不同角度光线下的反射，让图案看上去生动有趣，而烫金压块是一整块，没有这种光，其效果完全是来自图案设计。

印纹章的目的在于彰显主人的身份，所以设计上越简明越好。纹章设计者们惯常用繁复的点和线来点缀纹章族徽，这种设计，往往将原本应该清晰的风格淹没在混乱之中。纹章压块的设计中，最好有大片的金色实心平面，使之有别于普通烫金纹饰，突显于封面之上。

另一种把徽章放在封面上的方法是用油彩画上去，16世纪早期的威尼斯人从东方习俗中学到把下凹的版框用在书的封面上，很成功地把家族徽章画在了这些凹陷的区域中。盾牌徽标通常会稍突出，弥补的方法是将底衬抬高，可以在封皮下加垫填充物，也可在封皮面上使用石膏粉类的材料。

纹章压块应该位于封面中间往上一点的位置，一般来说，如果书背上有五根竹节，纹章的中心点和中间那根竹节在一条线上，看上去就很合适。

压块要借助烫金机或压块机来敲压，先要固定在压机的活动压板上。方法是：在活动压板上，先粘上结实的牛皮纸，再粘上压块，然后把压板在加热箱的下面固定好。如果要同时压几本不同大小的书本，要仔细调整可以移动的底板，以保证压块正好压到正确的位置上。

对于大多数的书封皮革来说，压块之前，上一层蛋白胶就足够了。上金页的方式同手压，压块时要干脆利落，速压速起，对热度的要求也和手压差不多。

第十六章

设计压模
压印装饰

16

DESIGNING TOOLS # 设计压模

烫金压印使用的压模工具，如弧圆凿、点模、直线模和滚线刀等，都可以从经销商处买现成的，其他压模工具最好是自己设计和定制。开始时只需要几个简单的形状，比如有大有小的花朵和一两组叶子（见图100）。

图 100　缩小版

设计压模的时候要记住，它们是要在书封上重复多次出现的，所以轮廓尽量简单且中规中矩。一朵画得相对真实的花朵，展示出自然形态中的不规则，看着很可爱。但是，如果照此制作压模，所有不规则的地方在封面上重复好几次，就会令人生厌。又比如叶子，除非是完全对称的，否则起码需要三种形状，两种是各朝不同方向弯曲的，第三种是直的（见图101）。如果只有一种弯曲的叶子，做出的图案就会让人厌倦。烫金压模设计的基本要点，就是图案是连续重复的压印，压模的设计就要重复得令人愉悦，实践证明，只有非常简单的图案，在不断重复之后，才能依然让人感觉平和。

图 101

压模的设计图要用印度墨水画在白纸上，可以比实际需要的尺寸大，刻模者可以把任何设计缩小到所需的大小，也可以根据一个设计制作数个不同大小的压模。因此，如果要做五个同样形状的叶子，只要画一个就够了，再如图102所示标出所需要的大小尺寸。

不建议为每个图案特制压模，但随着时间的推移，自然会用到越来越多的压模，所以库存会逐渐增加。刚开始时最好少做几个，每次增加一二，积少成多，这样比一下子就做一整套更好。

压模可以是实心的，或只是个轮廓，如果是轮廓，也可以用作镶嵌的工具，定制的时候应该同时定制相应的切镶嵌图案的钢质压穿器。

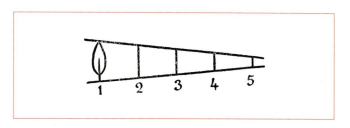

图102

COMBINING TOOLS FORM PATTERNS 压模的组合形成图案

刚接触图案设计的学员，最好从一些简单的组合入手，之后每次做些许改进，这样久而久之就能形成个人的风格。一般来说，许多学员只是在学习前辈装帧师已臻完美的风格，努力跟上他们的脚步，事实上这样做的结果是只有模仿没有新意,产出的只能是没有生命力的劣质仿品。而经由学员自己的不断探索,逐渐提高设计功底,在每一次努力的基础上有所改变提升,只要不走入偏道,也许会更有生命力,更能体现个人品位。

也许,最简单的装帧装饰就是重复使用小型图案,图104所示是一个简单菱形图案的开始。要做这样的图案,先按封板大小裁取一张优质薄纸,用铅笔在离四周边缘约八分之一英寸处画好直线,然后用折纸刀的尖头

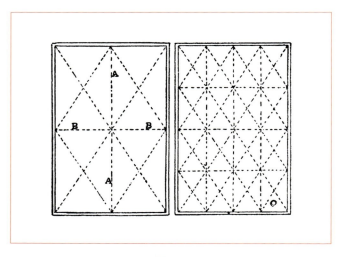

图 103

划出标记，如图 103，注意不要划破纸。把纸上下左右对折两次，就得到 AA 线和 BB 线，不用尺量，只需把点连起来就可以得到其他直线，继续下去，就能把纸分割成任意大小。如果直线位置准确，那么每个空间的大小和形状都是一样的，显然，能填满任意一个空间的图案可以重复地填满整个面。

图 104 只画出了在交叉点放置图案的对角线，为了不造成困惑，辅助定位对角线的纵横贯线就不显示了。

这些定位的线条，可用折纸刀尖划线，而不是用铅笔，其好处是线条更加细，不会被擦掉，也不会和图案混在一起。那些最终会留在书封上的装饰图案，例如靠近封面边缘的线，可以用铅笔画，以示区别。

在纸上定好位之后，选一个花形压模，压在对角线交叉点上，每压两三次，就把压模放在蜡烛烟中熏一下。花形都印好之后，再选一个小型直线压模，印在每朵花下做树枝，然后在树枝两边各印一片叶子，整个图案就完成了。

图 105 所示是以同样方式继续压印，启用了弧圆凿。任何人只要有一套压模都能组合成无数个完全不同的图

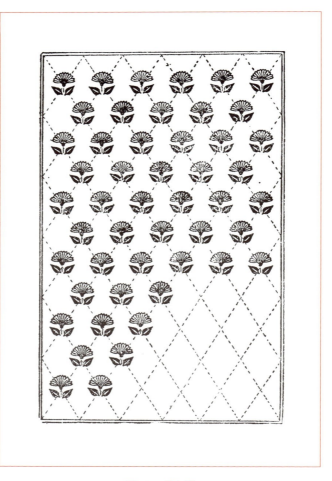

图 104 缩小版

图 105 缩小版

第十六章

图 106　缩小版

案，同一个压模是这样压还是那样压，线条是应该朝上弯还是朝下弯，选择不同，图案就不同。全覆盖的菱形图案就有无数种变化，一种是交替着变化图案，如果要这么做，就必须选择一个能在中间分开的图案，而且能自然而优美地收边。图案可以基于横竖画出的交叉线，也可以是完全不同的方式。稍做摸索，设计者就会被有着无限可能的组合搞得眼花缭乱。

菱形可做入门选择，因为最容易布局图案，没有边角的问题，也不必多考虑比例，这个选择也能让学员认识到简单图形在有序重复之后产生的装饰价值。当其掌握了这一点，也就掌握了几乎所有的成功压模装饰的基本原理。菱形提供了很好的操练，在一个封闭的全覆盖的平面上，压模要落在精确的位置上，不然就会招致可怕的混乱。最有效的压印练习，就是在完全相同的条件下，用几个相同的压模，专心于一个封面，重复同样的操作。这个练习也可以延伸到不用那么密集装饰的书背和书封，但如果一开始让学员面对多种变化，很容易造成困扰。

当学员掌握了菱形的原理，熟悉了压模的特性，就可以开始尝试做其他装饰，如边框、中心图案或版框。

图 107

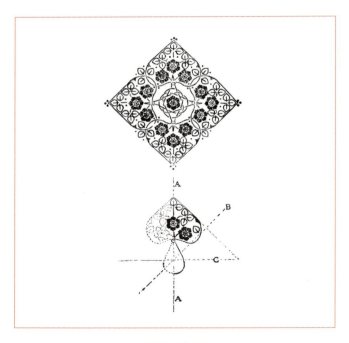

图 108 缩小版

第一部

图 106 所示就是一种用交叉线连起来的边框，它是用图 107 中的三个压模和四个弧圆凿重复压印而成的花枝图案，在四个角上稍做调整。其他边框的主题可以是从边缘往中心生长的花朵，也可以是从中间版框往边缘延展，或者是以离书口约半英寸的直线为中心往两边生长，也可以做成围绕着中心版框生长的图案。通过操练会发现，边框其实比简单的菱形更难掌握，刚开始的时候，最好还是运用相同的法则，不断重复简单的元素。

封面装饰可以集中在某一部位，比如中心，或者边角。图 108 所示是一个中心的设计图案，下方是制作方法。把一张纸沿虚线折叠，用软芯铅笔画出图案的八分之一，沿直线 A 折过去，用折纸刀刮擦一下纸的背面，图案就印到对面去了，用铅笔描一遍，沿直线 B 折，再刮擦一下印上图案，描一下再沿直线 A 和 C 折，同样刮擦一下，就描出了整个图案。标好超出和不足的线条，选好合适的弧圆凿，当然要多试几次才能让曲线都顺滑地交错，压模也都正好合适。图 109 所示的另一个中心图案，是重复了三次的花枝，学员在初试之后就会发现还有很多别的组合，换一个压模，或是稍微改变一下线条，都会

图 109　缩小版

生成一个全新的图案。例如一些全覆盖型的图案，上面还可能有不同颜色的版框图案，镶嵌或镶贴的花饰，乍一看设计得很复杂，其实也和其他一样，通过简单形状的不断重复来达成。

当学员熟练掌握了压模和线条的组合布局之后，可以尝试完全或几乎完全采用线条的设计图案。这个更困难，因为限制不是那么明显，但是，再次提醒，简单重复和均匀分布两大原则同样重要。图 110 所示就是几乎

图 110 缩小版

第十六章

全部由线条组合而成的图案，但依循着与图 108 中心图案同样的原则。

竹节往封面上延续的位置，往往是装饰图案的理想开端。整个图案通体协调，看起来才感觉合适，这要求压模及其编排要有统一的规矩。只显示轮廓的平面剪影烫金压印，在压模设计和封面布局上更是非常强调规则。现代装饰师技艺高超，只需一支铅笔，几乎能画出所有用线条组成的烫金压印图案，能通过嵌皮工艺尤其是凿嵌取得惊人的效果。一般说来，做这种图案无非是装饰师为了炫技，结果反而让人疑惑：怎么会愚蠢到选择烫金压印这么受限制且费力的方式来实施这些设计？

通常来说，成功的烫金压印图案要能显示出是用压模设计的，它们只是压模的不同组合方式，而不是先用铅笔起草，再做合适的压模来设法体现这种设计。当然，全部是线条或线条和点组成的图案，不在这个范围内。

如果艺术家试图在掌握细节之前就尝试烫金压印的设计，最安全的方法是设计金点的排列，数年前的工艺展览会上曾展出过一些成功的作品，就体现了这个思路。

烫金压印装帧的设计应该总是建立于几何原则的基

础之上，无关图案，都应在封面上对称分布。

如果要在书封上压印文字，能将文字设计成图案的话，会获得最佳效果，烘托出整个设计的尊严和目的，并且极富装饰性。压印的文字可以排列在版框里，也可以排在边框里，此外，还有许多其他的排法。所印文字可以是书名，或是引用一段书里的相关的文字，或是它的历史，或是和藏书家相关的文字。任何能显示此书独特个性的文字，例如藏书者的徽章、送书人或受书人的名字或首字母、赠送的日期等，都是有价值的。

用小型滚线刀能够压出长长的、略微弯曲的线条，烫金压印的线条本身就非常漂亮，设计师往往倾向于让线条在封面上蜿蜒游动，反而让线条看上去虚弱而无目的。弧圆凿由于自身的限制，使得曲线保持了短小精悍，而小型滚线刀就比较容易压印出细长柔弱的曲线，建议学员在最初的设计中只能引入能用弧圆凿压印的曲线。

必须记住，用弧圆凿或滚线刀做出的线条都很细，如果很长又没有支撑的话会显得柔弱，所以建议用交错缠绕的线条。

如果在弧圆线的末端稍留空间，不仅比较容易排布，看上去也更舒服，尤其是当带着叶子和花的线条从主干伸出去的时候（见图111）。

弧圆凿和滚线刀压印的线条不一定总是同样粗细，这类工具可以准备两三套不同尺寸的。装饰师也可以随时用砂纸改变弧圆凿弧线的粗细。

在设计中编排烫金压印线条，一种方法是把它们视为带有张力的金属线，纠结缠绕在一起。如果在整个设计过程中，这种感觉贯穿始终，那么得到的图案多半会相当成功。

对于大多数书来说，简单地编排几条直线就够了，

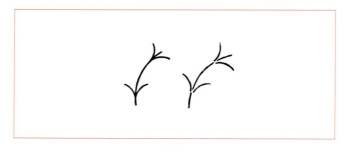

图111

下面几张图展示了三种这样的装饰：图112的书绳末端穿系的节点处可以用无色，线条用金色；图113的设计中在上方留出了一个可以印字的版框。

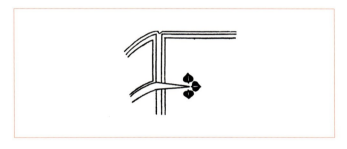

图112

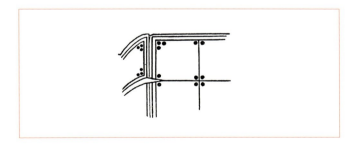

图113

设计书背   DESIGNING FOR BACKS

书背上的版框因为空间很小,所以装饰起来很困难。首先要考虑的是印字,等印字都编排好了之后(如第十五章所描述),再拿一张纸来画图案。如果要装饰,书背版框的设计要尽可能和封面封底风格一致,最好是采用同样的压模。通常会发现,设计全烫金的封面,都比设计满意的书背要容易得多。

可以先为一个版框设计个图案,然后在其他无需印字的版框中重复,或者从一个版框延展到另一个版框(见图115)。如果一套丛书中每本的厚薄不一,图案的设计

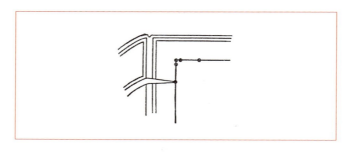

图114

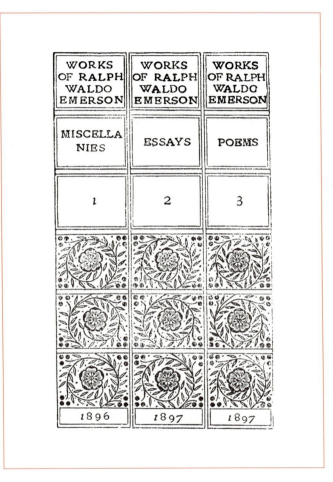

图 115A

图 115B

必须考虑到能缩小或扩展,而不会过于影响书背的统一外观。

DESIGNING FOR INSIBE OF BOARDS 书封内侧装饰

书封内侧的边缘可稍做些精巧的装饰,图116所示是两种这部分装帧的方法。书封内侧有时全部覆盖皮革,有着和封面同样华丽的压印,甚至比封面更华丽。如果用犊皮纸环衬,也可以用压印充实一下。

书封的边缘可以用烫金压条滚一圈,书头帽可用圆点装饰。

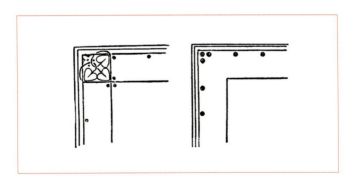

图116

第十七章

粘贴环衬
新书开合

17

PASTING DOWN END PAPERS　　　**粘贴环衬**

　　书籍的装饰工序完成之后，要把环衬粘到书封上；如果用的是皮接缝，空当的部位也要用与环衬相配的皮革填补上。

　　粘环衬时，书本打开放在木板上（见图117A），把完成使命的衬纸废纸撕掉，接缝处的胶水和浆糊都清理干净，封板要平，如第十二章描述的粘皮接缝时的状态。把一张要粘上的纸拉紧放在书封上，接缝处压紧抹平，用双脚规按皮面内折的位置在纸上标出需要裁掉的部分，从书封的边缘开始量。将一张切割锡板放在书上，把要粘的纸翻过来，用一把刀和直尺把边切掉，留几小块盖住接缝的端部（见图117A中的c）。

　　这些接缝部位的小块纸，裁切和粘贴都比较困难，它们应该是正好位于封板边缘的端部。

　　要粘贴的环衬纸都按大小裁好后，其中一张涂满薄浆糊，注意浆糊里不能有结块，下面垫张废纸以保护书本。接缝处也涂上浆糊，用手指涂擦进去，最后将多余的抹掉。

　　把上好浆糊的环衬纸放到书封上，边角对准，然后

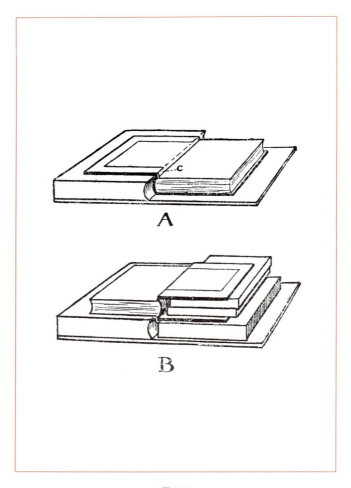

图 117

压下抹平。接缝处要垫张纸进行抹擦,这个位置要粘贴平整光洁不容易,要非常细心。所有的抹擦按压都要先垫张纸,不能直接在环衬上操作,不然粘贴住的环衬纸会弄脏,或者被擦得发亮。

有些纸张在上了浆糊后会泡发伸展,所以裁的时候要比所需尺寸小一点,上完浆糊后要马上粘贴好。薄的犊皮纸要用加了一点点胶水的浆糊,厚的犊皮纸最好用薄胶水。给犊皮纸上浆糊时,要非常小心,注意不要让刷痕透显出来。如果犊皮纸很薄,犊皮书封要先贴衬一张光面的白色或浅色纸,这张衬纸要很干净,上面有任何痕迹都会透过犊皮纸显出来,看上去会很脏。

一面环衬粘好之后,不用把书合上,直接翻过来打开另一面,用同样的方式再进行粘贴(见图117B)。把书翻过来时,刚粘贴好的那面要垫上一张白纸,不然潮湿的时候很容易弄脏。两面的环衬都粘好之后,再检查一遍接缝,仔细抹擦一遍,然后把书立着放置,书封打开,等待环衬收干。可以用一块切成如图71形状的硬纸板,将书封撑开。

如果是布接缝,应用胶水粘贴,环衬纸边抵住接缝,几乎完全覆盖布面。

在后期装饰中,书封不可避免地稍稍往外弯曲,环衬在粘上收干的过程中,会拉紧书封,向里弯曲。两相抵消,书封就基本平直了,但是用犊皮纸做环衬时,书封会有弯曲过度的危险。

新书开合 OPENING NEWLY BOUND BOOKS

刚刚装帧完毕的书,在送出之前,必须再全面检查一遍,把各处都打开一下以放松书背。把书本摊在桌上,先从靠近封面处把书页打开,再从靠近封底等距离处打开,再打开靠近中间的一两处,每次打开时都用手把书页压一下。如果书本很贵重,那么每一张书页都需要分别打开并下压,打开从中间开始,先往一个方向进行操作,再换另一个方向。这样书背的各个点才能得到均匀的弯曲。书被打开一遍之后,在接缝中没有夹任何东西的情况下,再轻压一会儿。

一本没有被打开过的新书送出去后,第一个拿到书的人很可能会从中间的某处打开,封面猛然后弯,会留下永久的折痕而"折断"书背。而且如果书页在书口烫金时粘在一起了，不小心打开时很可能会撕坏书页。一本"断背"的书，总会在同一个地方被打开，书就变形了。图书馆员应该小心地打开新装帧的书本，一个助理一天里能"打开"很多本书，做好这些预备工作都是有回报的，给装帧带来的好处，能大大补偿付出的精力和费用。

第十八章

搭扣和系带
装帧中的金属

CLASPS AND TIES 搭扣和系带

有些书本需要扣上搭扣才能保持书页平整。所有犊皮纸的抄本及印刷本都需要搭扣,如果犊皮纸不保持平整就会起皱,书页间出现缝隙而招致灰尘进入。书本放在书架上时,两边被别的书夹得很紧,书页还能保持平整,旁边的书一抽掉,失去夹挤的压力,书本就垮了,所以还是给犊皮纸书装搭扣更有效。

很厚的书,以及那些有很多折叠插图的书,也最好装搭扣以防止书页松垮。现在,几乎所有书都是放在书架上的,书本边上的任何突出物都会对相邻相依的书造成损伤,应该选用那些不会在书封上形成突出部件的搭扣。

图 118 所示是一个简单的搭扣,适合用板纸做封板的小开本书,下部是金属部件的细节,用银质粗丝制成。封板所用的双层板纸需特制,之后将银扣扁平的一端插入两层板纸之间,用胶水粘牢固定,只露出约八分之一英寸。做封面时,封皮上要穿个洞,周边要修剪齐整让银钩穿过。接下来做编织带,将三条薄皮带子穿过圈圈,

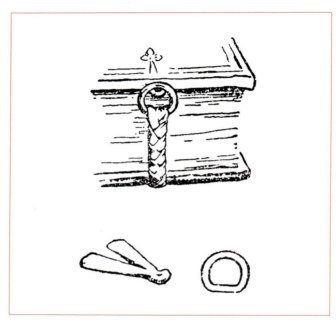

图 118

每条带子的两头用浆糊粘住形成双股带,然后将这三根双股带编成一根粗编织带,编织带的头穿过开在封底封板上的洞,洞的位置大约离边缘半英寸,在内侧用胶水粘住。在装封面之前,从洞口到封板边缘刻一条槽,将

图 119

编织带嵌入其内,封板的内侧挖出一个凹槽,用以嵌放带子末梢。

图 119 所示是一个类似的搭扣,有三条编织带,适合大开本的书,图下方是金属端嵌入木质封板内的方式,

弯曲的部分要直接穿过木板，在里面铆住。三条编织带做好后，在圈圈的正下方可以套上银箍把带子箍住。

图 77 所示是一个简单的结扣，但有时非常管用。把一个小珠穿到羊肠线上，然后把线两头并拢，一起穿过一个大珠，把带珠子的羊肠线粘贴在封面封板上，珠子突起在边缘外，在封底封板上粘一个肠线圈，如果线圈的长度刚好，用起来很方便。

或者也可以用丝带或皮带打结的方式让书本合上，但看书时这些带子就很恼人，且看完后很少有人会耐烦系上，所以基本上没什么用处。

装帧中的金属　　METAL ON BINDINGS

金属护角和饰钉对装帧起到很好的保护作用，但如果书本是要放在书架上的，所用的金属必须光滑平整。厚重书籍的封板下部，如果包上金属，对装帧是很好的维护。

金属饰钉和其他凸起的金属部件，只限于用在置于读经台或读书桌上的书。我见过一本 16 世纪的书，用白猪皮装帧的，饰以铜质书角、中心和搭扣。还有本 15 世纪的装帧，简单的保护饰钉，此书的前后封板上原有五枚饰钉，但中间的遗失了。

装帧也都可以采用金属全覆盖，但这样的装帧和书本之间的结合很难达到令人相当满意的程度，我所见过的最佳金属覆盖装帧，是金属的使用局限于封板上。这类装帧，书封采用木质封板，书背覆以厚实的皮革，金属徽章钉入木板，金属上镶嵌宝石或点缀珐琅，还可饰以各种浮雕和镂刻。

宝石有时会镶嵌在隐藏于装帧皮面下的托板上，造成一种好像是直接嵌在皮面上的视觉效果，其实看起来一点也不稳当，还不如干脆把金属托板显露出来，使之成为封面装饰的一部分。

第十九章 | 皮革

19

皮革

LEATHER

在所有用于装帧的材料中，皮革最重要，也最难挑选，光凭外表，非常难以判断皮革的优劣。

"现在，我们发现，无论是羊皮、犊皮、山羊皮，还是猪皮，做成皮革之后，已没有它们原有的表面特征了。羊皮看起来可以像犊皮、摩洛哥皮或猪皮；犊皮可以做出模仿摩洛哥皮的纹路，或者可以压平磨光，从而失去任何犊皮的特征；山羊皮上更是可以随意做出任何纹路，猪皮可以和黎凡特摩洛哥羊皮一模一样。有些模仿技巧实在太高超了，只有经验丰富的专家才能辨识出现在书封上的皮革。"

许久以来，对现代装帧中皮革的耐用性怨声不断，但直到最近才开始有系统的研究，寻找皮革过早损毁的缘由。

经首肯，我将在此大量引用由艺术协会指定的问题调查委员会的报告内容，该委员会成员包括皮革制造商、装帧师、图书馆员和藏书家们，这个报告是大量工作的结果，走访调研多家图书馆，众多分会进行了数百种各类实验和测试，报告中有很多值得所有装帧师和图书馆员一读的有用信息。委员会的工作尚未完成，但是迄今的发现已经得到认同。

委员会首先调查的就是针对现代装帧皮革过早损毁的抱怨是否有根据，关于这一点，报告是这么写的：

"针对大家认为现代装帧皮革过早损毁的普遍看法，分会的发现证实，和早期的书籍相比，在过去八十到一百年间装帧的书籍，其损毁的情况相当严重。很多近期的装帧，寿命更短，只经历了五年或十年就出现损毁的迹象。分会的结论是，对现代皮革的耐用性不如从前的抱怨是有充分依据的。损毁开始加剧的具体时日很难确定，他们的结论是，虽然各时期的皮革都有损毁，但在1830年后更加普遍，也有些1860年的皮革品相良好，但之后几乎所有的皮革都开始走下坡路。19世纪末期的小牛皮装帧，其损毁的原因可归于劣质皮革被削得太薄。"

委员会还试图确定装帧皮革的相对耐用度，在走访多家图书馆对装帧进行比较研究之后，得出如下结论：

"针对皮革的耐用度，分会的结论是，老皮革（15

和 16 世纪的）中，白猪皮（很可能经由明矾处理）最为耐用，但因其质地僵硬，不符合现代装帧对皮革柔软度的需求；棕色犊皮老货耐用度尚可，但暴露在空气和光线中时间过久就会失去弹性，变硬变脆；部分 15 世纪的鞣制白皮革（白猪皮和鹿皮除外）也相当耐用；有些 15 和 16 世纪的羊皮装帧仍然很柔韧有弹性，但皮面娇嫩，有很多摩擦刮痕；犊皮纸看上去也很经久耐用，但很容易受气候变化的影响，尤其是光线的影响；16 世纪到 18 世纪末的红摩洛哥皮状况仍然很好，是所有接受检验的皮革中最不受外界因素影响的。委员会认为，大部分皮革都被漆叶鞣剂或其他类似的鞣酸鞣制过。1860 年之前的摩洛哥皮装帧都处于较好的状态，但之后的摩洛哥皮就没那么可靠，很多已经损毁严重。18 世纪后期的习惯是把犊皮削得跟纸一样薄，从 1830 年之后，几乎就没再用任何优质犊皮了，无论厚薄都品相极差。世纪初的羊皮装帧大部分仍然很好，但从 1860 年开始，已经很难找到真正意义上的羊皮了，羊皮都被添制纹路以模仿别种皮革，这些加工羊皮的质量比任何其他皮革都要差（除了部分极薄犊皮）。未经染色的现代猪皮看来很耐用，但有些染色的猪皮装帧已经全毁了。而借助硫酸染色的现代皮革全军覆没。过去五十年内的所有俄罗斯皮装帧几乎都烂了。"

有关皮革损毁原因,以及今后的最佳加工方式诸问题,我将引用以下段落:

"由皮革加工专家组成的化学家在以下几个方面做出了专门的阐述:装帧皮革损毁的性质;对损毁原因的深究;探索装帧皮革的最佳加工方式;有关图书保护的几个要点。

"以下按顺序一一解答。首先要考虑的是皮革损毁的性质问题,分会专家在得出结论前,对损毁的皮革装帧以及用于装帧的皮革做了一系列试验和分析。委员会发现,最常见的损毁用他们的术语来说叫红腐。以1830年为界,红腐可分为老的和新的两类。老红腐的皮革变得僵硬脆弱,表面不易被摩擦刮坏,这种老红腐尤其常见于犊皮装帧的书本,应该是用橡树皮鞣制的。而新红腐几乎影响到所有皮革,极端情况下纤维呈完全损毁状态。另有一种损毁常见于更新近的装帧,稍稍一碰,皮面就剥落了,这是新近皮革中最常见的损毁。几乎所有俄罗斯皮革都有很严重的红腐，在很多情况下，和光线及空气有接触的皮革已经完全腐烂，用钝器轻轻刮擦都能刮成细粉。

"第二点有关损毁的原因。为确定装帧皮革损毁的原因，分会进行了一系列的试验，结果显示，原因来自物理和化学两方面的影响。就后者而言，部分原因源于皮革制造厂和装帧师的失误，也有部分原因源于对通风的要求，图书馆内不恰当的温度和光照也得承担部分责任。有时候，所谓的高级皮革是用低级皮革以有损质量的方式加工仿造的，当然就没法指望结实耐用了。不过，厂家和装帧师的责任主要在于方法不当，没能达到装帧应有的质量，而并不是存心制造不良产品……用不同鞣酸鞣制的皮革，虽然在物理层面可能同样结实耐用，但是面对诸如光线、热度和气体等因素的影响，会呈现出化学层面的极大差异。

"从装帧的角度，分会原则上反对在鞣制过程中使用苯邻二酚类原料，虽然使用这种原料鞣制的皮革在很多其他用途上效果极佳，实属上乘。最适合装帧特殊需求的皮革鞣制是焦酚类原料，其中最知名且重要的原料就是漆叶鞣剂。东印度或'波斯'鞣制的羊皮和山羊皮可以用在很多地方,现在大量用于低成本装帧,被认为是最低劣的。用这种皮革装帧的书本,不到十二个月就开始出现损毁的迹象,分会认为,用了这种皮革的书本一旦上架后暴露在光照和气体之中,没有一本能坚持五六年。施加重力,压出被模仿皮革的纹理,对皮革是种伤害,至于把厚皮削薄,因为皮革内侧强韧的纤维都被切除,也会大大减弱皮革强度。将无机酸用于皮色增亮和染色也会减弱皮革抵抗损毁的力度。在不同染料的相对耐久度方面,依然有很大的探索空间。"

据分析,几乎所有装帧皮革里都发现了游离硫酸,委员会的意见是,即使少量的硫酸都会对皮革的耐用性造成实质性的损害。

"经缜密的试验发现,为了颜色释出而在染色剂中加入即使最微量的硫酸,也会立刻被皮革吸收,接下来再怎么清洗也不会洗掉。众多案例表明,现代漆叶鞣剂鞣制皮革的损毁,就是因为染色液里加入了硫酸,然后被皮革吸收了。我们检查了大量装帧专用的皮革样品,包括来自不同工厂的,来自不同经销商的,还有的是装帧师和图书馆员友情提供的，发现它们中的大部分都含有0.5%到1.6%的游离硫酸。"

这份报告的出版，应该是给装帧用皮革制定了一个标准，之前业界没有一个公认的标准，装帧师选取皮革完全是凭借外观。现在，实验证明外观不是耐用度的保证，撕扯皮革等物理测试也还远远不够。优质皮革应该是不易撕破，而且撕开的边缘应该有丝滑长纤维，任何容易撕破的皮革，如果裂口的边缘纤维卷曲，就应弃之不用。但即使不易撕破，而且即使撕破也有长纤维，依然不是有足够说服力的测试，因为有证据显示，虽然有的皮革从物理性质角度来说很强韧，但并不一定是最耐用或最具备抵挡图书馆环境中不利因素的化学性质。

报告显示，装帧师和图书馆员通常并不具备选择合适装帧皮革的资质。在以前，皮革的制作相对简单，装帧师或许还知道个大概，从而选到他所需要的皮革。但现在的制作工艺太复杂，需要考虑的因素太多，应该由专家来做选择。

"委员会一致同意，任何皮革都可以通过这种测试来判定是否适合用于装帧，他们尚未决定是否要颁布一个官方的或正式的标准,但他们认为这是一个值得今后考虑的事项。"

希望能推出一套皮革鉴定体系,由具有公信力的部门给皮革标注品质证明。如果图书馆员提出明确要求,装帧皮革必须符合艺术协会委员会所认证的制作过程,那么他们没有理由拿不到和过去一样耐用的皮革。这将需要专家分批次检查测试皮革进行鉴定,目前这项工作可以由几个不同的私人机构来完成,比如利兹的约克郡学院或柏蒙齐的哈罗学院。希望在不久的将来能有一些公共机构,比如大伦敦城市公司下属的行规分公司,对皮革业产生兴趣,进而颁布一些标准,测试送检的皮革,并为通过检验的皮革标记品质认证。如此一来,装帧师和图书馆员在订购时就能确认皮革没有在生产过程中受到损害,如果按批次进行测试,并不会增加太多的成本。

关于理想的装帧用皮革的质量要求,委员会的报告是:

"委员会认为,理想的装帧皮革应该富有并能保持极大的弹性……必须有稳固的表层纹理,不易因摩擦受损,不应该有人工纹理……委员会认为,使用纯漆叶鞣剂鞣制就能达到这样的要求,那么,现在生产的皮革,能够也应该和过去生产的一样耐用。"

到目前为止,委员会只研究了植物鞣剂鞣制的皮革,我曾经用铬鞣剂鞣制犊皮革,并取得了一定的成功。铬鞣皮革比较难以削薄,制作过程中也不够柔顺,因为和植物鞣制不一样,铬鞣皮革遇湿也不会变软。但它足以承受合理范围内的任何温度,可发挥这一优势来装帧置于书架上层和外侧的书籍。这种皮革具备很强的物理品性,但是在进一步的测试之前,我不做正面推荐,除非是用于试验性制作。

皮革的力度和耐用度或许只有经过训练的皮革化学师才能判断,但装帧师还是能够自行选择所需的皮革品种及颜色。

大部分的装帧专用皮革都遭到过度加工,加工过程不仅大幅增加成本,对皮革造成损害,而且,这些额外的加工效果在装帧过程中大多消失,还不如选用粗加工的皮革,包覆到书本上之后再由装帧师自己加工。

书籍装帧的常用皮革如下:

山羊皮,也叫摩洛哥皮。

小牛皮，也叫犊皮和俄罗斯皮。

绵羊皮，也叫杂色皮、叶鞣皮和粒面皮等等。

猪皮。

海豹皮。

先说摩洛哥皮，如果制作得当，摩洛哥皮当属特精装帧的首选皮革。但试验发现，昂贵的黎凡特摩洛哥皮在制作过程中都没能逃过一劫，在大量顶级黎凡特摩洛哥皮的样品中，都发现了游离硫酸。

犊皮，现代植物鞣制的犊皮已经变得让人非常失望，如果制作方法上没有重大改变的话，不建议用于装帧。

绵羊皮，正确鞣制的绵羊皮，手感绵软且非常耐用，可惜现在装帧用的绵羊皮革很多都毫无价值，装帧师应该拒绝使用有人工纹路的皮革，这个加工过程会带给皮革很大的伤害。

猪皮，猪皮是天然的上好皮革，非常强韧，尤其是用明矾鞣制的成品。但很多染色猪皮并没有经过正确的鞣制和染色，这种皮革对装帧来说毫无意义。

海豹皮，曾有知名图书馆员极力推荐，但我个人没有任何用海豹皮装帧的经验。

在我个人的经验里,最有用的装帧皮革是尼日尔山羊皮,皇家尼日尔公司出品,来自非洲。这种皮革的质地和颜色都非常漂亮,通过了所有的测试而没有产生严重的损毁。这种皮革,由于是当地原住民的产品,制作过程有点草率,表面有很多损坏和污渍,很多皮革因此就废了。希望在不久的将来,有眼光的公司能生产出具备顶级尼日尔山羊皮的质量和颜色,但又没有那么多瑕疵的皮料。

很多皮革之所以受损,是因为要追求颜色的绝对均匀,其实,颜色稍微有点不均匀看上去也很舒服,应该被悦纳而不该被排斥。人们对绝对纯色的取舍,可通过装帧师采用彩喷和大理石波纹取代纯色的频次来感知。

就这一点,容我摘录委员会的报告:"用硫酸亚铁(绿矾)喷洒皮革,不论是为了对犊皮进行'彩喷'处理,还是进行'树状纹路'处理,都应杜绝。铁元素和皮革鞣剂的结合会损坏皮革,释放出游离硫酸,更加有害,铁醋酸或乳酸略好一点,但是用苯胺颜料能达到同样的效果,而且不损伤皮革。"

第二十章

纸张
浆糊
胶水

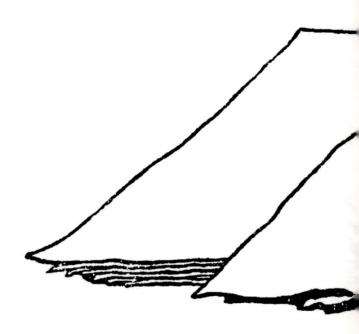

20

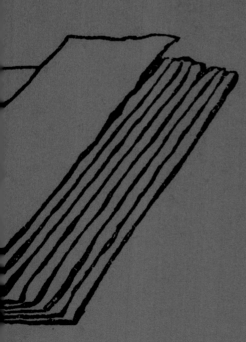

纸张
PAPER

纸张分手工或机制,"压纹"或"布纹"。"压纹"纸上有造纸机上和造纸网接触而压上的网痕,"布纹"纸则没有。

手工纸有着毛糙不平的边沿,叫"毛边",是这种造纸方式的必然产物。早期的印刷商视毛边为纸张的瑕疵,在做永久性装帧前会全部切去。但爱书人反而喜欢看到毛边的痕迹,表明书本没有被装帧师过度裁切。现在的潮流是,要的就是毛边这种效果,用手工纸印的书完全不裁切。毛边会积攒灰尘,外观不够整洁,而且影响翻页,但在这股狂热的潮流之中,连机制的纸张也特意再加一道工序让纸边起毛。

大致上来说,纸张的质量和纤维成分的比例相关,例如用了多少碎布料。手工纸要想做得令人满意,必须要有大比例的纤维,所以只要是手工制作的纸张,质量在一定程度上有保证。用不同材料做出的手工纸,质量也不同,亚麻和碎棉布料是主要材料,顶级纸张采用纯亚麻,棉布做的就差一点,再差点的是用两种或更多混合材料做成。

如果材料用得好，机器也能做出高质量的纸张，一些品质极优的纸就是机器做的；但是，出于对纸张巨大的需求量，再加上现在几乎任何纤维都能拿来做纸，以致最近几年生产的纸张大概是历史上质量最差的。

如果品质低劣的纸张只是用来印刷报纸，或者其他临时性读物，那就无关紧要，但实际上这些劣质纸张也经常用来印刷具有永久文学价值的书籍，那么问题就严重了。

用于印刷渐变色调图版的"艺术"纸，也属于质量最低劣的一种。希望在不久的将来，纸厂能生产出一种既能适用于渐变色调的印刷，也更为美观，且有广泛用处的纸张。

数家纸厂生产的彩色手工纸，适合做环衬。更有大量纸厂生产各种各样的机制纸。

被称为"日本犊皮纸"的纸张非常结实，可以用来修补犊皮纸书，其中最薄的那种可以用来修补损坏的书帖脊部，或用来托衬加强纸张的柔弱部分。

《伊夫林日记1641—1706》①中曾有关于手工造纸过程的生动描述。

"我前往贝夫莱特参观圣奥本庄园,那是一栋老式大房子,还有一个造纸作坊,我去时,正在制作一种粗糙的白纸。他们挑选碎布片做材料,如果做白纸,就选用亚麻碎布,如果做棕色纸,就选用羊毛碎布。他们会在水里放些树胶把碎布浸软,然后将碎布放在一个槽里用杵或锤子捣,像面粉作坊一样。捣烂后放入一池的水里,再拿一个造纸网框没入池水上下颠,网框是用细如发丝的金属丝编的,密密如同织布网。网框把水中捣碎的布浆薄薄地捞起一层,水分透过金属丝渗出,布浆平整地留在了网上。然后,操作的人灵巧地把网框一转一抖,像煎饼出锅一样将布浆移到夹着两块法兰绒布的光滑木板上,一起送入一个大压机中平压,法兰绒吸走多余的水分,取出压实的布浆夹在绳子上晾干,和晾衣服一样,之后再放进明矾水里稍浸一下,最后进行抛光。做好的

---

① 此日记作者为约翰·伊夫林(John Evelyn,1620—1706),英国作家、园艺师,以其日记著称。该书记录了当时的艺术、文化和政治,包括詹姆斯一世被处决、克伦威尔权势的上升、伦敦大火等。——译注

纸张一刀一刀地叠放，纸上的纹路是网框金属丝的痕迹。"

以下是常见的纸张大小：

名称	尺寸（英寸）
大裁（Foolscap）	17 × 13½
王冠裁（Crown）	20 × 15
剖裁（Post）	19¼ × 15½
戴米裁（Demy）	22½ × 17½
中裁（Medium）	24 × 19
王裁（Royal）	25 × 20
双壶裁（Double Pot）	25 × 15
双大裁（Double Foolscap）	27 × 17
超级王裁（Super Royal）	27 × 21
双王冠裁（Double Crown）	30 × 20
皇裁（Imperial）	30 × 22
双剖裁（Double Post）	31½ × 19½

相应的手工纸尺寸可能稍有出入。

以上只是最常见的几种尺寸，几乎任何尺寸都可以按需要定制。

以下是关于纸张退化的一段引文，摘自1898年发表的艺术协会委员会报告："委员会指出，造纸用的纤维可以分为四大类：

"A. 棉、亚麻、麻。

"B. 木纤维：(a)亚硫酸盐制作；(b)苏打和亚硫酸盐制作。

"C. 草和稻草纤维。

"D. 机制木浆。

"对有永久价值的书籍和文件，应该按这个顺序选择所使用的纸张，当然，这些纸张的制作也与其他各类纸张一样，也应符合各种基本的要求。"

"委员会希望他们的调查结果能够成为一个内容明确且有实践意义的定论，即质量的标准。显然，在大多数情形下，视具体情况略微改变制作工艺亦无大碍。委员会同意把结论确立为规范，即《印刷具有永久价值的书籍所用纸张的质量标准》，明确了以下规定：

"纤维，A类纸张的纤维含量不低于百分之七十。

"浆料，树脂含量不得超过百分之二，最后使用普通酸度的纯明矾完工。

"添加物，总矿物质（灰）含量不高于百分之十。

"书写文件用纸，必须明示此类纸所用的材料应该是A类，纸张成分要纯，用白明胶上浆，而不是用树脂。所有高端书写用纸仿制品，其实不过是用印刷用纸仿制假冒的，应小心回避，以免上当。"

浆糊　　　　　　　　　　　　　　PASTES

调制浆糊，用于书籍装封等处，方法如下：取两盎司面粉，四分之一盎司明矾粉，加入足够的水，充分搅拌成稀薄糊状，仔细地将所有的结块都打散。加一品脱冷水，在搪瓷锅里加热，加热过程中要不停搅拌。烧开后，继续搅拌约五分钟，这样做成厚浆糊，有需要可以用温水稀释。当然，按上述比例也可按需要制作合适的用量。

存放浆糊的最好容器木制槽，俗称浆糊缸。浆糊缸要经常清洗，去除干硬的浆糊块，缸里放满清水，浸泡过夜，就很容易清理干净。使用浆糊之前，先要用扁平棍子搅打均匀。

粘贴纸张所用的浆糊，质地和稠度应接近于奶油，粘贴皮革的浆糊可以厚一点，如果是很厚的皮革，可以另加一点薄胶水。用明矾做的浆糊大概可以保存两个星期，如果按浆糊比例加入千分之一的升汞，还能保存得更长久。升汞有致命的毒性，可有效抵御书虫和其他昆虫，也是基于这个原因，必须由非常负责任的人来操作使用，加过升汞的浆糊，要严防家畜接触。

在伦敦可以买到好几款制作精良的浆糊，价格公道，几乎和自制的一样便宜，而且能保存很长时间。

切不可使用已经馊掉的浆糊，酸发酵会产生有损皮料的物质。

买来的浆糊，缸口往往横着一根铁棒，那是用来刮浆糊刷的。开封后把铁棒取下，换上一根绞股绳子，浆糊刷要用绳线或锌丝绑扎，铜丝或铁丝会污损浆糊。

用于修复的白浆糊 WHITE PASTE FOR MENDING

书页修复所用的优质浆糊,做法是:取一茶匙普通面粉,两茶匙玉米粉,半茶匙明矾和三盎司水,细心搅拌均匀,打碎所有结块。然后放入一个干净的锅内加热,加热过程中要用木质或骨质茶匙不停搅拌,浆糊烧开后要滚五分钟,火不能太大,不然会烧煳变棕色。玉米粉也可用米粉或淀粉代替,如果纸张的颜色很白,就不能用小麦粉。普通浆糊对纸张修复来说不够白,会留下不雅观的污渍。

玉米浆糊可以在制作完成后马上使用,在正常环境中能保存约一星期,一旦变硬或出水,必须弃去重做。

胶水 GLUE

对于装帧师来说,胶水的质量非常重要,顶级皮胶就是一个很好的选择。使用前应做如下准备:把胶切成小块,在水里浸泡过夜,第二天早上就会变软膨胀,但这时并没有融开,放入胶水锅小火慢炖,直到熔化变成液体，就可以用了。重复加热会降低胶水的质量，所以一次不要做太多，煮新胶之前要彻底清洗胶水锅，锅边粘上的老胶都要清除干净。

胶水要趁热使用，而且不能太厚，如果黏性太大不好打理，可以用刷子在胶水锅里快速旋转来甩散。用于纸张的胶水要非常稀薄，使用前用刷子彻底搅打均匀。

以下有关胶水的引文摘自《钱伯斯百科全书》：

"英格兰在工艺制作方面略逊，但苏格兰胶水的质量有目共睹……在所有国家中名列前茅。浅色胶不是一定好，深色胶也不是一定不好，明亮而清透的暗红是皮胶的自然颜色，这种色泽的皮胶质量最好，性价比也最高。

"浅色胶（有别于白明胶）是用骨头或绵羊皮制作的，这类材料制作的胶水其黏度和皮胶无法相提并论。

"如今，法国和德国大量出产用骨头制作的胶水，它其实是生产动物骨炭的副产品。这种骨胶虽然看起来卖相很好，但实际上用起来比苏格兰皮胶差很多。"

第二部

装帧后书籍的保养

第二十一章

对书籍有不良影响的环境
上架摆放

ALBERTI
DE RE
AEDIFI
CATORI

INC
123

FLORENTI
1485

对书籍有不良影响的环境
INJURIOUS INFLUENCES TO WHICH BOOKS ARE SUBJECTED

首先,煤气烟雾。艺术协会委员会的调查发现:

"书本在图书馆的环境里所受的影响中,煤气烟雾的伤害力无疑是最大的,因其成分中含有硫酸和亚硫酸。"

很久以来,人们就认识到煤气烟雾对皮料的损害,所以,煤气的使用已经逐步退出图书馆。但是,如果书本不得不存放在使用煤气的地方,那就不要放在房间的高处,更重要的是保持良好的通风,当然,如果可能的话,所有的图书馆和藏书楼中都不应使用煤气。

关于光线,委员会的报告中说:"光线,尤其是直射太阳光线和高温,以前很少会被认为是有害的影响,适当温度和良好通风的重要性无论如何强调都不算过分。"

光照对皮革造成的侵蚀,从长期放置于靠窗书架的书本上就能得到直观的感受。无论在牛津和剑桥或者大英博物馆图书馆都能看到同样的情况,面朝阳光那一面的书封几乎完全毁了，轻轻一碰就变成粉末，不朝阳光的那面则相对还好。光照对犊皮纸装帧的影响比别的皮革更严重。

委员会的建议是，图书馆朝阳的窗上应装配有色玻璃。

"我们曾做过一些测试，试图确定光线在透过不同颜色的玻璃之后对书产生的损害，结果是，蓝色和紫色玻璃的效果和无色玻璃一样差，而红色、绿色和黄色玻璃几乎能够对皮料起到完全的保护作用。毫无疑问，在接受直射光照的图书馆窗户上装配淡黄色或橄榄绿的玻璃是个明智的选择。我们用皮尔金顿兄弟公司制作的有色教堂玻璃做了大量试验，结果是812号和712号在两个月的光照下几乎完全地保护了书籍，而704号和804号虽然也适用，但需要采用比较淡的色调。所有用于测试的玻璃都经过了仔细的光谱分析，并以色调仪测定颜色，但是我们发现，这两者都不能就玻璃对书籍的保护作用提供确切的数据。但保护作用肯定是有的，因为玻璃能够吸收紫光，尤其是肉眼看不见的紫外线。还有一个对比各色玻璃的简便方法，把普通感光蛋白胶片纸放在阳光照射的各色玻璃之下，纸的颜色最淡，上方的这种玻璃就最有保护作用。"

烟草。鉴于抽烟产生的烟雾对书本有害，图书馆内应该禁烟。

"氨气对书籍的影响也得到了测试，其实，烟草烟雾中的活性成分之一就是氨气。氨气的破坏性非常明显，在其影响之下，任何皮革都会变得色泽暗沉，极端情况下甚至会引发急速腐烂。烟草烟雾也有类似的变暗和有害的效果（影响最不明显的体现在漆叶鞣制的皮革上），毫无疑问，存放在允许吸烟且人来人往的房间里的书本，其装帧损毁的部分原因就在于烟草的烟雾。"

潮湿。存放在潮湿环境中的书本会发霉，皮革和纸张都会因此遭殃。

只要有可能，图书馆应该设在自然干燥的房间里，如果不是自然干燥的，就要想尽一切办法使其保持干燥。要使老房子的墙壁保持干燥，有时不得不加装防潮层，还有其他几种方法可用，比如在墙上衬贴一层薄铅板，或者里外都做好防水处理，但是，如果墙壁本身是潮湿的，这些方法都不能保证阻止湿气的侵入。

不要把书架靠墙放置，也不要把书放在地板上，书架的四周要保持良好的通风。房门紧闭的房间里，潮气对书籍的损害尤其严重，在温暖的天气里，要时不时地把书房的门打开通风。

如果发现有霉斑，就要把书本拿出来透气吹干，书架要彻底清洗，找出潮湿的根源，采取整改措施。图书馆的窗户不要开着过夜，湿度大的天气里也不宜开窗，但如果天气温暖晴朗，尽量多通风。

热气。潮湿的环境下容易发霉，所以对书本非常有害，但是过于干热的空气也同样有害，皮革会变得干硬失去弹性。关于这一点，艺术协会委员会的主席是这么说的：

"存放书籍的房间，环境条件不可过于极端，不管是太热还是太冷，潮湿还是干燥，对书都不好。可以说，人类宜居的房间，对书也好。潮湿当然是最有害的，但是干热空气带来的过分干燥也非常有害，尤其是书架放的离暖气管道太近的时候。"

灰尘。每年至少要有一次大扫除，把书本从书架上拿下来，清除灰尘，通通风，再给装帧的皮封面抹一层护理液。

书本除尘的方法是：从书架上拿下来，不要打开，把书倒转过来，用鸡毛掸子把灰尘掸掉。如果书不倒过来，松松地托在手上就去掸上面的灰，灰尘容易落入书页之间。清扫灰尘要选温暖晴朗的日子，扫完后把书本稍微打开一点，立在桌子上，书页松开通风。放回书架之前，可在皮面上轻抹一层护理液（详见第二十二章）。注意一下是否有损坏的装帧和松散的书页，有的话就放在一边，一起送到装帧师那里修补。如果图书馆规模够大，最好有个长驻的装帧师，这样的雇员很能派用场，粘贴标签，维修装帧，还有很多其他零碎工作要做，以随时保持书本的完好状态。

即使是规模相对较小的图书馆，装帧师也能配合图书馆员的安排，从事全职的图书装帧和修补工作。

BOOKWORMS 书虫

人们所说的书虫，是几种甲壳虫的幼体，最常见的大概是俗称书虱的窃蠹及黄蚨甲，其实它们并不是特别喜欢书，木书架、墙壁或地板都是它们的寄身之处。在书橱里放樟脑或萘可有效驱除书虫，书虫不怎么祸害现代图书，大概是因为它们不喜欢浆糊里的明矾以及用旧焦绳做的书封纸板。

在古籍中，尤其是来自意大利的古籍，书虫侵袭的部位几乎集中在书脊涂胶水处，可认为胶水和浆糊对它们具有强大的吸引力。如果在胶水和浆糊里放了升汞，就不会招引书虫了。也有人说明矾有预防作用，但我见过书虫吃穿了用含有明矾的浆糊粘贴的皮封面，打开修复时发现，是因为最初误用了有虫害的木质封板。

如果扇动旧书的书封时有细尘扬起，或是书架上放旧书的地方发现有小堆的细尘，那就说明书里很可能有书虫。在密封的盒子里放浸过乙醚的棉团，再把书放进去，这种方法对付已经孵化的书虫很有效，但杀不死虫卵，而且这种除虫方式每过几个礼拜就要重复一次。

任何书本，一旦发现有书虫，要马上采取隔离措施并进行治理。书封内侧可以插放锡板，以防书虫钻入书页。

针对书虫，法国藏书家及图书馆学家朱尔·库赞

（Jules Cousin）是这么说的：

"最简单的除虫方法之一，是在书本后面，特别是书虫出没最集中的地方，放几块浸过松节油、樟脑油或烟草的麻布，等气味挥发完了之后再换上新的。书架上可以撒一些细胡椒粉，那种刺鼻的味道也能产生同样的效果。"

基丁牌驱虫粉可能和胡椒粉效果差不多，甚至更有效。

老鼠
RATS AND MICE

大大小小的鼠类为了要吃到浆糊和胶水，会啃坏书脊，所以一旦发现这种祸害的迹象，马上就要想办法杀尽灭绝。因经常被翻看而变得油腻的犊皮纸装帧或犊皮纸书页边缘，尤其招老鼠啃噬。

蟑螂
COCKROACHES

图书馆里的蟑螂非常讨厌，会咬坏封面装帧，基丁牌驱虫粉能把它们赶走，但要经常更换新粉才有效。

上架摆放　PLACING THE BOOKS IN THE SHELVES

关于书籍在书架上的摆放，艺术协会委员会主席的看法是：

"书架上书本的摆放，疏密有致很重要，塞得太紧密，容易把书背顶部扯坏，抽取时的摩擦会损坏书封，过度的压力也会把书背挤坏。但书本也不能松垮地立在书架上，需要相互间的支撑和适当的横向压力，不然书页会打开，导致灰尘、湿气和霉菌的侵入。大开本书籍如果散立在书架上，书页会沉下来搭着书架，导致书背内陷，书本的外形和完整性就被破坏了。

"如果图书馆实行分类制，必然会有部分不是全满的书架，这些书架上的书本要用类似大英博物馆用的书挡顶住放稳，书挡可以是一块简单的镀锌直角铁板，呈L形。书架最边上的书放在下面直边上，压住保持铁板不动，竖着的直边保持书本贴紧不松散。"

他还提及了表面粗糙或上漆草率的书架对装帧造成的危害：

"给书架上油漆或清漆要非常认真仔细，以保证表面坚硬、光滑、干燥。封面装帧，尤其是那些质地娇嫩的皮面，在和毛糙不平的书架表面接触摩擦后，会遭到不可修复的损害。油漆时间一长也会掉，如果蹭到书本上，漆印去不掉。碰到这种情况，只有给书架垫上纸板隔离层才能解决问题。"

第二十二章

旧书的皮面装帧保养
重新起脊

22

旧书的皮面装帧保养

TO PRESERVE OLD BINDINGS

众所周知,经常被翻阅的书籍,装帧皮面的状态反而比一直放在书架上无人问津的书更好。究其原因,无疑是因为手掌上的微量油脂滋润了皮面,使之保持柔韧有弹性。而皮面上涂抹的那层蛋白胶或清油,虽在某种程度上能帮助皮面抵挡外来侵蚀,但不幸的是,蛋白胶和清油都会使皮面变得僵硬而无法使之保持柔韧。而且,最需要保护的接缝处,反而最容易受损,开合书本时,变硬的蛋白胶和清油肯定会开裂,将接缝和书背处的皮革暴露在外。柔韧度是对装帧皮料的最基本要求,一旦接缝处的皮变硬,也就离书封断裂的时候不远了。

但是,如果图书馆员能定期,比如说一年一次,用护理液给皮面做保养,它们的寿命立马会大大延长,且所花费的成本跟重新装帧相比要差好几倍。这种护理液不能留下污渍,不能易于挥发,不能变硬,也不能黏稠粘手。凡士林曾被推荐使用,效果的确不错,但还是会挥发，虽然过程缓慢。我发现用石蜡和蓖麻油混合在一起很有效，费用低廉而且很容易制作。方法是：在陶罐中放点蓖麻油，再放入约一半重量的碎石蜡，加热到石蜡熔化，就可以用了。

使用时，拿一块法兰绒布，蘸一点这种制剂，在书封皮面上拭擦一遍，特别多拭擦书背和接缝处，然后可用手细细抹一遍，最后换块干净的软布收工。每本书只需要用少量制剂。

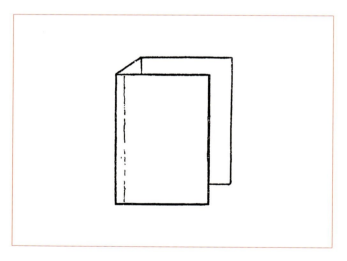

图 120

如果书封装帧上有凸出的金属护角或搭扣，容易刮擦到旁边相邻的书籍，要用裹覆了皮革或者好纸的书封纸板垫在边上做隔离。也可将书封纸板折成如图120那样的套子，折叠处可以衬上麻布以增加强度，套上时开口朝外放在书架上，套子基本上是看不见的。

如果装帧上曾经有过金属搭扣等附件，常常会留下一些凸出的钉子碎片，要把它们找出来，仔细地拔掉或者敲进去，不然它们会严重损坏任何与之接触的装帧皮面。

为保护有价值的古老装帧，可以做个套书用的盒子，盒子背部印上书名。

不建议使用脱卸式书封，这种书封要取下时，必须要将封板往后扳，会对书造成伤害。

RE-BACKING 重新起脊

如果装帧的接缝断裂了，可以重新起脊，书背上剩余的皮料都要仔细取下来并保存好。如果书背很紧绷，想要把书背上的原装皮料完整无缺地取下来几乎不可能，但是用一把纤巧的折纸刀仔细操作，很多书背还是能保得住的。把封板上的皮面往接缝外斜切一刀，留出一条薄薄的斜边，然后用折纸刀把皮面掀起。把同样颜色的新皮革粘到书脊上，边缘塞入封板皮面之下。从书背上取下的旧皮，边缘要削薄，所有的胶水结块或纸片都要清除干净，然后粘贴到新皮之上，用带子绑紧，确保能粘牢。

如果是书封角上的皮面需要修补，可以在角上涂上胶水并用锤子轻击，使角形方正，待胶水将干未干之时，在旧皮下面塞入一小块新皮，将书角包覆。

如果缝订所用的书绳或书带损毁断裂，就需要重新装帧，但凡原来的装帧还有任何残留，必须尽量保存并善加利用。如果是旧封板不行了，要拿新封板做出一样的大小和厚度，再把旧封皮粘贴上去，那些旧封皮盖不住的地方，要先用同样颜色的新封皮打好底。修旧如旧是通常的原则，旧书的特性都要尽量保留，新的修补尽量不要留下痕迹，即使是用新装帧修补过的老书，也比干净整洁的全新封面要好看得多。

旧书的部分魅力就在于它独特的历史，由装帧、藏书票、眉批、藏书者的签名等元素汇聚而成，任何有可能抹去这些印迹的操作，都应严加防范。

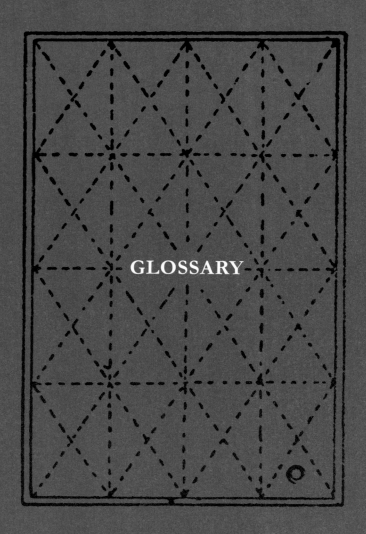

GLOSSARY

词汇表

Arming press　徽章烫印机,在书籍封面或封底上烫印家族徽章压模或其他纹饰压模的小型烫印机。

Backing boards　起脊板,用于起脊的有斜角的楔形木板(见图40)。

Backing machine　起脊机,用于低档书籍的批量操作,常会压破损坏书脊。

Bands　绳线/竹节,(1)缝订书帖时使用的书绳。(2)缝订后凸起的书绳透过皮面在书背上显出的竹节。

Band nippers　竹节钳,用来加强书背上竹节的平头钳子(见图61),皮面被粘贴之后,用这种平头钳挤压竹节使其挺拔。钳头上应涂镍,以防铁锈沾到皮料上。

Beating stone 垫石，旧时以锤击对书施加压力时下面垫的"石块"，现已被滚压式和落地式压机取代。

Blind tooling 无色压印，书籍封面装饰工序中不用烫金且不带色彩的图案压印。

Blocking press 模块压机，装饰书封时所用的压印模块的机器，多用于布面精装书壳的装饰。

Board papers 封板纸，环衬粘在封板上的部分。

Bodkin 尖锥，能在封板上钻出洞孔，让书绳的末端从中穿过。

Bolt 未裁书口，已经折叠但尚未裁开的书口部分。

Cancels 错页，需要被正确书页替换掉的有错误的书页，印刷者通常会在错页上印一个星形标记。

Catch-word 标字，印在页面边角的字，一般为下页的第一个字，以助于装订时配页。

Cutting boards 切书板，和起脊板类似的楔形木板，但顶部是直角边，用来切割书口和给书口烫金。

Cutting in boards 带封裁切，装上封板之后再裁切。

Cutting press 切纸压机，把横压机翻转过来，有滑轮的一边在最上面（见图46）。

Diaper 菱形花纹，指的是用小型重复的图案装饰的满页花纹，此词源自纺织品的装饰方法。

Doublure　封板内衬，封板的内面，特指有图案的皮料内面。

End papers　环衬，装订时加在书心前后的纸页。

Extra binding　特精装帧，行业里最佳装帧工艺的称呼。

Finishing　书籍装帧后期工序，指的是装饰，包括印字、图案压印和抛光等。

Finishing press　装饰压机，在对书封进行压印装饰时，用来固定书本的小型压机。

Finishing stove　装饰加热炉，用于加热装饰书封需要使用的工具。

Folder　折纸刀，象牙或骨质的扁平纸刀，用来折叠书页，划线，还有许多其他用途。

Foredge (fore edge)　前口，书心的前切口，有时也被称为书口或书前口。

Forwarding　书籍装帧前期工序，包括缝订、扒圆、起脊、安装封板、粘贴封皮等所有书封粘贴装饰前的工序，堵头布除外。

Gathering　配页，从印刷好的成堆的书页中取张集册。

Glaire　蛋白胶，将蛋白打发，用于书籍装帧后期工序以及书口处的烫金。

Groove　书槽，在起脊过程中，靠边上的书帖被翻压后形成的空间，可以放封板嵌入。

Half binding 半皮装帧，皮面只覆盖书脊和书封的一部分。

Head band 堵头布，缝订或粘贴在书脊上下两端的丝绸或布带。

Head cap 书头帽，皮料装帧的书籍书背上盖过堵头布的皮质部分（见图 67）。

Head and tail 书心的顶口和底口，即书顶和书根。

Imperfections 瑕疵书页，被装帧工坊退回给印刷厂、需要替换的书页。

India proofs 摹拓纸插图。（译注：摹拓纸是一种原产于中国和日本等地的用植物纤维制成的薄纸，但因为早期误传为印度所产，故也被称为印度纸。）严格说来，摹拓纸插图应该是印在摹拓纸上的插图校样的第一稿，但现在通常也指所有印在摹拓纸上的插图。

Inset 插页，书页被裁切并折成固定尺寸后再插入的部分，例如十二开等。

Inside margins 内折边，皮封面折进并粘贴在封板内面的那部分。

Joints 书槽／接缝／接缝条，（1）书槽：起脊并安装封板后，书脊及封板之间的沟槽；（2）接缝：封板打开时能折曲的装帧部分；（3）接缝条：用来加固环衬的布条或皮条。

"Kettle stitch" 环针结，缝订书帖时，每一帖起收针时让上下书帖相连的针法。

Lacing in 书绳末端穿系粘贴，把书绳末端的两头打散，穿过封板上的洞孔，之后将它们粘贴在封板上。

Lying press 横压机，可以用来起脊的切纸压机的下部，有时也被误称为 Laying press。

Marbling 大理石花纹加工，用漂浮在树胶溶液里的各色颜料加工成的不同图案花纹的纸，用于装饰书口和制作环衬。

Millboard machine 封板纸切割机，将书的封板切成直角的机器，可用于低档装帧，因为它切出来的直角不如犁刀切出的直。

Mitring 斜拼接，（1）两条边形成直角；（2）45度的接缝，比如书板内折边的接缝。

Overcasting 锁边缝，缝订单页或松散书心的办法，缝线绕过书页边缘的包锁式的缝订。

Peel 长柄铲，有着长柄的薄板，用来将书页挂起晾干。

Plate 全页插图，严格来说，应该是指用金属版印出的插图，但人们也常常用它来指木刻插图。现在通指整页的插图，可以是不同方法创作印在不同纸张上的。

Pressing plates 平压隔板，上过黑漆或镀镍的金属板，平压装帧成书时，两本书之间所用的隔板。

Press pin 压杆，压力机上转动螺杆的铁杆。

Proof 样书，书口尚未切齐的初印稿。

Register 套准/签带，（1）书页两面的印刷完全对齐的状态。（2）书中用作书签的绸带。

Rolling machine 滚压机，用滚筒来为书页施加压力的压机。

Sawing in 锯槽，用锯子在书脊上锯出用以放书绳的小槽。

Section 书帖，一个印张折叠后可形成一叠书帖。

Semée or Semis 满花设计，指家族纹章上布满小花纹。

Set off 蹭墨，书页印好后如果太快放进压机，页面上未干的油墨被粘到对页上的现象。

Sheet 印张，印刷后的整张纸，折后即成为书帖。

Signature 标记，印在页张第一页上的字母或图案。

Slips 书绳末端，书绳或书带穿系粘贴在封板上的末端部分。

Squares 飘口，封板超出书页切口的部分。

Start 跑页，书页被裁切时，一个或几个书帖向前移动，致使书前口不平整，我们说这些书页"先跑了"。

Straight edge 标尺，用来画直线或测量平面用的直尺。

Tacky 具有黏性的。

T.E.G., top-edge gilt 顶口烫金，也就是书顶烫金。

Trimmed 修裁，原本不齐整的书页被切齐再进行修裁。

Tub 槽，支撑横压机的底座，最早有接纸屑的用途。

Uncut 毛边本，书前口没有用切刀或犁刀切齐整。

Unopened　未裁本，指的是同一印张的书页折叠后并未裁开就进行装帧的书籍。

Waterproof sheets　防水页张，摄影师用的赛璐珞页张。

Whole binding　全皮装帧，指的是整本书的封面封底书背全部使用皮革。

Wire staples　金属书钉，有些机器用金属书钉而不是缝线来固定书帖。

感谢英国珍本书店奎文斋(Bernard Quaritch Ltd)及许忠如先生(John Koh)提供插图

www.quaritch.com

威廉姆斯《歌剧》,纽伦堡,1496年,约同时期德国猪皮装帧,铜质环扣,无色压印纹饰:双鹰图案的徽章、玛丽亚条幅和玫瑰图案。封面上贴有纸质标题。

教皇格雷戈里一世《对话录》,威尼斯,1505年,同时期装帧,猪皮裹盖木质封板,上有无色印章,封面印章图案为车轮、飞鹰及星辰,封底印章为树木及花草。封板内贴有十世纪抄本残页,铜质环扣。

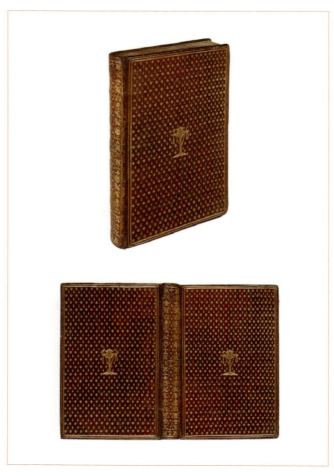

《时祷书》,法国巴黎,1506年,同时期棕色摩洛哥皮装帧,烫金压印纹饰,图案为代表圣灵的眼泪与火焰。

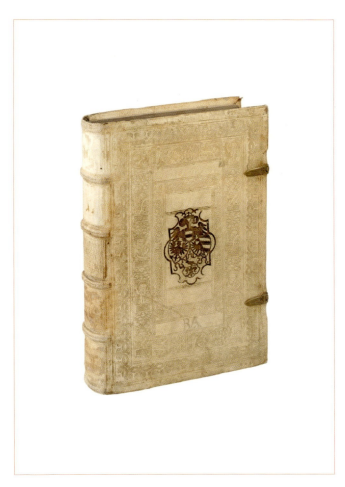

《伊皮凡尼乌斯》,希腊文本,巴塞尔,1544年,约同时期德国猪皮装帧,无色压印纹饰,铜质环扣,封面中心为烫金纽伦堡城徽,无色压印首字母BLA。

《诗篇》，意大利西北部，15世纪中期，16世纪早期意大利装帧，牛皮裹盖木质封板，上有无色印章及边框，黄铜护角，黄铜环扣残片，书内缝有七块绿色丝绸标签。

亚里士多德《形而上学》,巴黎,1564 年,同时期装帧,原皮面被去除,可能因为此书曾为胡格诺派教士收藏,后代藏家希望抹去胡格诺派与此书的关系,书内教士签名亦被涂抹。虽然不见原装封面,但能看到书心缝缀工艺。

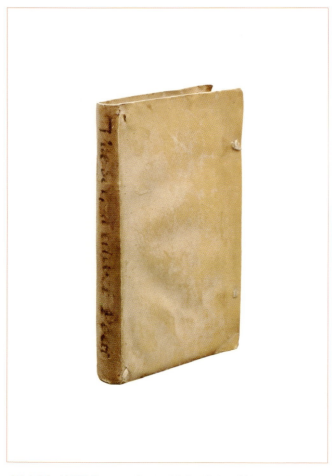

《诗人传》,法国里昂,1575 年,同时期软质犊皮纸装帧,书脊墨水书名,书口原有系带。

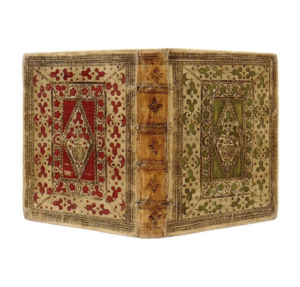

《日课经》，德国，1590年，同时期犊皮纸装帧，镶有银饰，镂空花纹，后衬红色及绿色丝绸。装帧师可能为德国施马尔卡尔登的汉斯·巴佩斯特·冯·爱尔福特（Hans Bapest von Erfurt）。

阿维森纳《医学大典》残页,法国 14 世纪拉丁文抄本,被用作 1591 年威尼斯一本法律书籍的封面装帧。此书页为第三部中的一张对折书页,双列五十六行,哥特字体。

三本中世纪恶魔学著作合订本,法国特鲁瓦,1599—1609 年,同时期软质犊皮纸装帧,书脊黑色墨水书名,书口原有系带。

贝拉尔米诺《辩护书》,科隆,1610年,同时期德国猪皮装帧,无色压印纹饰,封面部分使用中世纪抄本《教会法》残页。

《亨利四世亲临梅斯庆典书》,法国梅斯,1610年,同时期软犊皮纸装帧,无色压印纹饰,周边双饰线,中心花环,四角花饰。

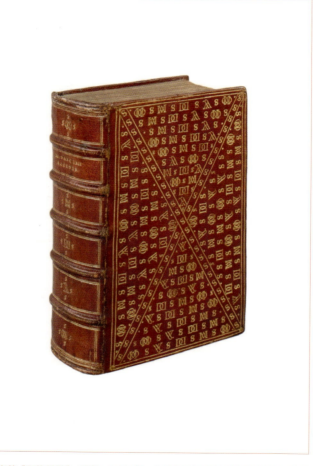

巴克莱《阿格尼斯》,巴黎,1622 年,同时期法国红色摩洛哥皮装帧,烫金压印,重复出现双字母 D, M, Φ 和 λ,以及两种大小的 S 字母。

《圣经》,英国剑桥,1677年,装帧约稍后,黑色摩洛哥皮装帧,烫金纹饰,书封有红、青绿、淡黄、蓝绿摩洛哥镶皮,书口烫金并刷红、绿、黑色纹饰。18世纪加封面中心银片装饰、银质护角以及环扣。

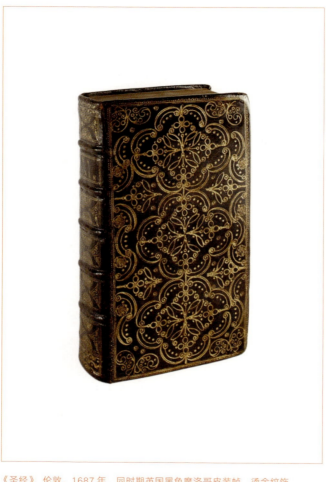

《圣经》，伦敦，1687年，同时期英国黑色摩洛哥皮装帧，烫金纹饰。

微型书,尺寸为4.5cm×3.5cm,19世纪荷兰等低地国家制作,材料为重新使用18世纪书籍带斑点的牛犊皮装帧,封面棱形及圆点烫金,书口烫金并有点饰,铜质环扣。

玛丽·雪莱历史小说《瓦尔佩加》,1823年,三卷本,纸板装帧,纸质护封,19世纪初期英国小说的典型初版原装。

阿尔方斯·都德《短篇小说精选》，巴黎，1883年。20世纪早期红色摩洛哥皮装帧，装帧师为卡纳普－多蒙（Canape-Domont），富丽堂皇的烫金压线纹饰，四角橄榄枝鸽子图案，真丝环衬。

约瑟夫·费耶维《苏泽特的嫁妆》，巴黎，1892年，蓝绿色摩洛哥皮装帧，装帧师为格吕埃尔（Gruel）（书脊下方烫金签名），烫金纹饰，书封三道摩洛哥镶皮，丝绸环衬。

约瑟夫·费耶维《苏泽特的嫁妆》,巴黎,1892年,海蓝色摩洛哥皮装帧,装帧师为奥苏尔(Aussourd)(封内飘口有烫金签名),烫金纹饰,多色镶皮花草图案。书脊烫金字母,竹节烫金装饰,多色镶皮花饰,装饰花布环衬。

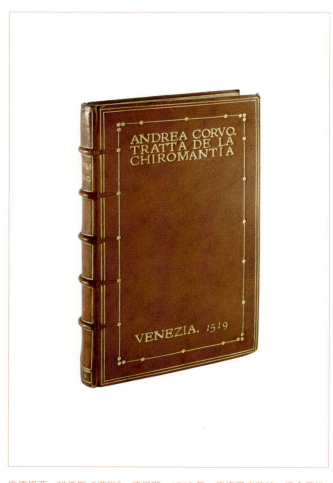

安德里亚·科沃斯《歌剧》，威尼斯，1519年。摩洛哥皮装帧，烫金压线，1901年由道格拉斯·科克瑞尔（封内飘口有烫金签名和日期）装帧。

泰奥菲尔·戈蒂耶《诗集》，巴黎，1900年，深绿色摩洛哥皮装帧，装帧师为奥苏尔（Aussourd）（封内飘口有烫金签名，日期1919），橄榄绿摩洛哥镶皮，烫金压印图案，丝绸环衬。

阿纳托尔·法朗士作品四部，20世纪早期法国装帧，使用皮革压花技术，浮雕的设计及风格，估计为著名装帧师路易·德泽（Louis Dezé，1857—1930）的作品。

巴尔贝多尔维利《魔鬼》，巴黎，1912年，黑色摩洛哥皮装帧，装帧师为韦莫雷尔（Vermorel）（封内飘口右下有烫金签名）。书脊烫金字母，红色摩洛哥镶皮魔鬼图案。封内飘口摩洛哥镶皮花叶图案，湿拓纸环衬，金色压线。

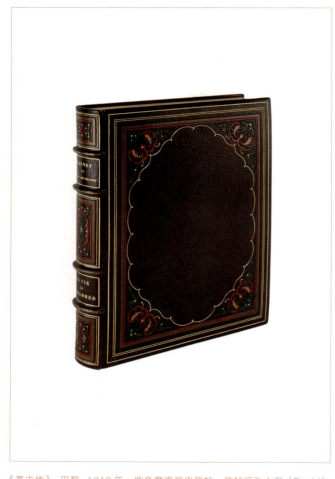

《真主传》,巴黎,1918年,紫色摩洛哥皮装帧,装帧师为大卫(David),绿色、红色、棕色摩洛哥镶皮图案,烫金纹饰。

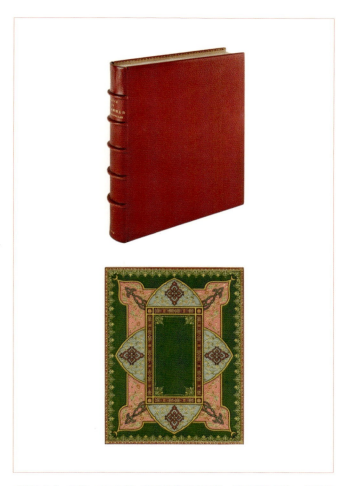

《真主传》,巴黎,1918年,红色摩洛哥皮装帧,装帧师为夏尔·拉诺埃(Charles Lanoe),内封为多色摩洛哥皮拼贴,上有繁复的烫金纹饰。

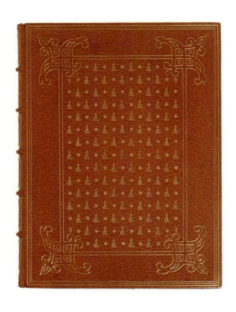

普希金《俄罗斯民间传说》,巴黎,1919年,棕色摩洛哥皮装帧,为法国著名装帧师夏尔·德·桑布朗(Charles de Samblanx)的作品,烫金纹饰。

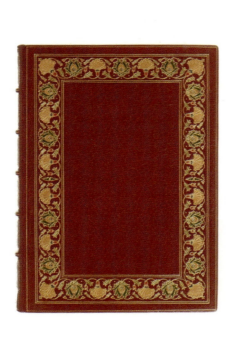

波斯诗人菲尔多西《列王纪》,巴黎,1919年,法国红色摩洛哥皮装帧,彩色镶皮花饰,烫金图案。

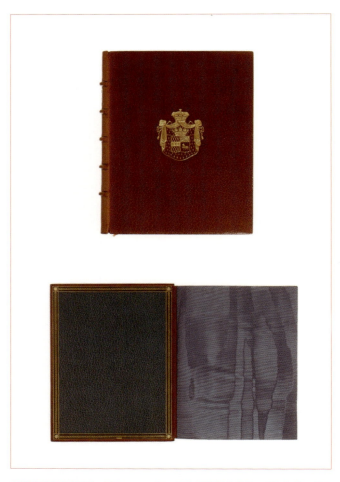

奥维德《爱的艺术》，巴黎，1923年，棕色摩洛哥皮装帧，中央为第四任玛莎公爵家族徽章，装帧师为阿福尔特（Affolter）（封内飘口有烫金签名），内封为蓝色摩洛哥皮，绿色摩洛哥皮环绕，烫金纹饰，扉页为蓝色丝绸。

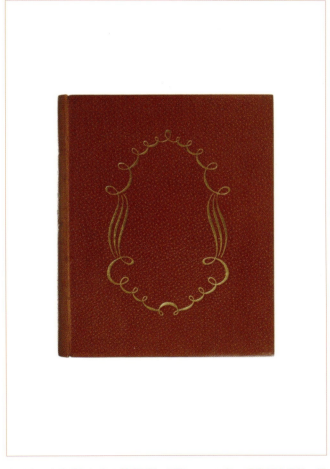

朱利安·班达《知识分子的背叛》,巴黎,1927年,摩洛哥皮装帧,烫金纹饰,20世纪法国著名装帧师勒内·基弗(René Kieffer)的杰作,艺术装饰风格的完美体现。

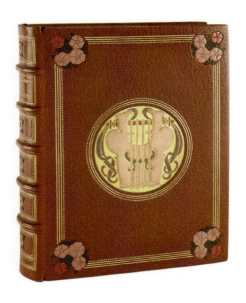

亨利·德·雷尼埃《诗集》，巴黎，1914年，1927年摩洛哥皮装帧，装帧师为卡纳普和科里耶（Canape & Corriez），彩色镶皮花饰，烫金压线，封面正中为象牙色及棕色摩洛哥镶皮音乐图案。

雅克·杜谢插图《婚姻十五乐趣》,巴黎,1930年,同时期黄色摩洛哥皮装帧,装帧师为弗朗斯(Franz)(封内飘口有烫金签名),彩色摩洛哥及犊皮镶皮,黑色压线,湿拓纸环衬。

让·德·拉封丹《故事诗》，巴黎，1930年，红色摩洛哥皮及鲨革几何拼贴图案装帧，烫金纹饰。装帧设计为艺术装饰大师皮埃尔·勒格兰（Pierre Legrain），装帧由安托万·勒格兰（J. Anthoine Legrain）完成。

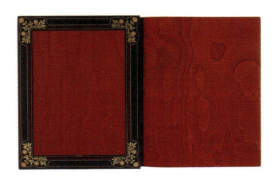

莫泊桑《两兄弟》，巴黎，1888年，蓝色摩洛哥皮装帧，为法国著名装帧师夏尔·赛捷（Charles Septier）的作品，红色摩洛哥镶皮边框及玫瑰花饰，烫金枝叶，烫金压线。装帧年代为20世纪30年代之后。红色丝绸环衬。

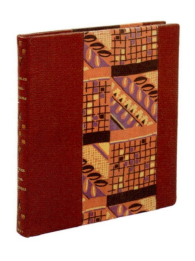

波德莱尔《禁诗》，巴黎，1927年，20世纪中期装帧，四分之三红色摩洛哥皮，装帧师为丰塞克（Fonsèque）（前环衬有印章），蜡染布书封及环衬，书脊烫金字母，摩洛哥镶皮几何图案。

大卫·霍克尼《画册》，伦敦，1984年，孔雀绿摩洛哥皮装帧，装帧师为麦克莱兰（McClelland），封面根据霍克尼《三种蓝色的游泳池》画面的设计，蓝色、绿色和黄色摩洛哥镶皮，封底为镶皮几何图案，烫金压线。

《读书毁了我》王强 著

英国设计师装帧师协会资深会员马克·科克拉姆（Mark Cockram）装帧作品，山羊皮书封，烫金，彩色拼皮，采用背面削皮技术，完美平整。设计图案为一摞书籍，环衬为装帧师作品《书艺》（Art of the Book）内容。

《一纸平安》董桥 著

英国设计师装帧师协会资深会员凯特·霍兰（Kate Holland）装帧作品，全手工染制小牛皮书封，设计图案来自董桥先生文章中提及的罗塞蒂所绘制的珍妮·莫里斯肖像，烫金。环衬手工上色后印刷，书名小字重复拼凑成石榴造型。

《听水读抄》陆灏　著

英国设计师装帧师协会执照会员理查德·比兹穆尔（Richard Beadsmoore）装帧作品，染色哈曼坦山羊皮书封，设计图案中的烫金花纹依据莫里斯1861年绣毯的设计，树叶为装帧师自家花园落叶，以背面削皮技术拼贴。环衬选用以安吉·利文的木刻为基础的"森林的地面"图案。

《许渊冲译莎士比亚戏剧集(第一卷)》
威廉·莎士比亚 著　　许渊冲 译

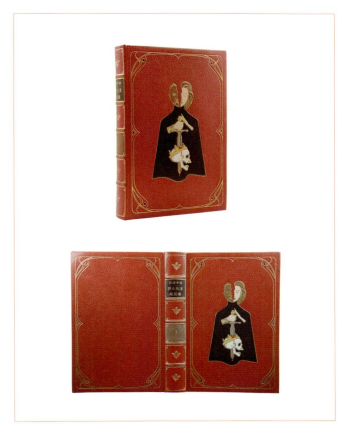

英国设计师装帧师协会的执照会员格伦·马尔金(Glenn Malkin)装帧作品,全山羊皮书封,书心经过扒圆起脊,有手工竹节。书脊上有压凹的皮革标签,展示书名及卷标。图案设计为19世纪末的新艺术风格,取自莎士比亚四大悲剧,《奥赛罗》之双色人面,《麦克白》之匕首,《李尔王》之皇冠,《哈姆雷特》之骷髅。压印图案轮廓,彩色贴皮,烫金。红色绒面革环衬,手工缝制真丝堵头布,书口以红色丙烯酸及金叶洒金装饰,微晶蜡打磨。

译后记一
一片匠心在浆糊

上海人管马马虎虎敷衍行事叫"捣浆糊"。浆糊这东西,现已逐渐淡出江湖,搁在二三十年前,也算是一款家用必备消耗品,小到粘张邮票,大到糊个窗纸,都离不开它。黏黏糊糊的玩意儿,用量大的时候,自家弄点米面粉烧成糊糊也可马马虎虎凑合用用的。所以"捣浆糊"一词从上海走向全国,大家都表示心领神会。

为什么要说起浆糊呢?因为这个词在本书中出现的频率非常之高,但它在书中的含义又绝不是黏糊的,其内涵清晰到时时要停笔思忖:这里能用浆糊二字吗?还是胶水？抑或黏合剂？随着章节的深入，不时要推翻先前的译法，不断修正，一点点不得马虎。与合译者恺蒂的交流，也时常落实到这么个具体的物事上，关于浆糊，就不知来来回回讨论了多久，活像两个做小买卖的妇人。

其实，何止是浆糊，作者对每一张纸、每一根线、每一张皮、每一种工具都是有要求的，更别说每一道工序，每一种手法，在作者的笔下，都是一丝不苟的存在。让我在一百多年之后，回首那个遥远的英格兰作坊和作坊里发生的事，仍充满了敬畏。

去年年底，老友恺蒂问我有没有兴趣和她合译一本有关装帧的书。我知道，她在这方面做过很多工作，算个专家了，我一门外汉，翻译这种技术性的书籍，怕是有难度。可恺蒂说，这本书是业界经典，等你译完，也成专家了。她很了解我，知道我的好奇心重，经不起这样的挑逗。

已经有四五年了，我的日子，被一个个马拉松赛事点缀，被一段段旅途连接，在路上已是常态，坐家倒是稀罕。就这本书而言，在飞机上翻几段，在火车上译几页，都是常有的事；也曾在皖南小镇的旅舍里打开电脑，也曾在缅甸菩提树下研究书绳是如何穿引回绕，更多的时候，是在台北的路易莎咖啡馆，坐在临窗的位子上，配页、敲缝、托裱、起脊、烫金……窗外行人匆匆。

也是在这段时间里，顺手把住了十七年的房子卖了，刚搬进来时，儿子还在读幼儿园，如今大学毕业，羽翼已丰，老巢空置时多。卖了，也是自断后路的意思，从此云游四海，少点挂碍。前半辈子的日子，打进了几十只箱子里，虽然断舍离了大半的用品，但还是有那么多的东西，承载了太多的记忆，断不了，离不开。比如托在手心里的一双小鞋子，想起了儿子的胖脚丫；比如八〇版的《围城》，想起了大学时晚上熄灯后在走廊里看书的快乐；比如沉甸甸一盒奖牌，想起了在世界各地赛道上挥洒的汗水。

每每这种时候，坐下，打开电脑，就进入了另一个世界，周遭的一切都安静了下来。用传统的手法装帧一本书，有多少工序呢？细细数了一下，竟有近七十道之多，一路译下来，不做时时的抽离，真的会忘却生涯，不知身在何处，埋首于书页之中，日月悠长。是怎样的锦绣文字，才能配得上这样的宠爱，已经不再重要，此时的书，已经超越了文本，为书添上衣装，成就的是艺术品。这是一本爱书人写给爱书人的书，一片冰心，化为耐心和细心，凝聚为匠心。

本书的原版，诞生于20世纪之初，19世纪的工业革命，席卷了各行各业，自然也包括书籍制作业。编者寄希望于20世纪会有所改变，回归对手工艺的重视。后来的事，我们都看到了，进入21世纪的今天，智能化逐渐取代机械化，人类社会更是以一日千里的速度前行。所幸的是，手工装帧的传统，从来没有泯灭，虽则小众，但是源远流长。及至于在遥远的中国，在一百多年以后，这本书得以呈现在读者面前。

这些年来，陆陆续续译了十余本书，与人合译，却还是第一次尝试，我做前期，恺蒂押后，十分和谐，而且我先于她完成任务，十分轻松。不料恺蒂嘱我写篇译后记，这般的车马奔突，一地鸡毛，如何入篇？恺蒂又说，照实写，让读者知道，这么教科书般清简的文字背后，也是充满了人间烟火的。

书译毕，发现上当了，根本没能成为专家。不过，经由文字的转化，萌生了跃跃欲试之心，很想依循书中所教的方法,亲手装帧一本书。也许,这个愿望哪天就成了呢,是为记。

余彬
2019年4月于上海

译后记二
科克瑞尔装帧几种

    1991—1994年,我曾在伦敦的中央圣马丁美术设计学院(Central Saint Martins School of Art and Design)的图书馆中打工。这家学院的名字有些拗口,因为它是1989年由两家艺术学院合并而成。一家是中央美术设计学院,另一家是圣马丁美术学院。当时两家学院还分居两地,所教的艺术门类不同,前者的课程包括平面设计、工业设计、陶瓷纺织等,后者则以绘画雕塑和服装设计而闻名,世界几大时装品牌的首席设计师,都是圣马丁的毕业生。当时因为刚刚合并还没有几年,所以,两家学院仍各自为营,互相也有些不买账,反而是我这种在图书馆最底层工作的,这儿两天那儿三天,两边都很熟悉。

1994年,我离开学院前往国立艺术图书馆(National Art Library)工作,同事们送我一张木刻版画,我很喜欢,当时可根本没想到许多年后我的主要工作是与木刻版画打交道。这幅版画跟着我去南非去中国回英国,现在依然挂在书房里。此画是英国版画家亨利·派瑞(Henry Perry,1893—1962)1929年的作品,画面充满幽默,描绘了学院大楼的横截面,从男女卫生间到各系的工作室,其中的课程之一是书籍装帧。

近来,拉着大学时代的好友余彬一起翻译这本关于书籍装帧的经典著作,得知科克瑞尔在中央美术工艺学院刚刚成立时(1896年),就在那里教书籍装帧,而此书就是依据他的授课内容而写成的,所以,就觉得格外亲切。

在翻译的过程中,我也去大英图书馆近距离接触科克瑞尔的几种装帧,其中最著名的当数《西奈抄本》。1933年,大英博物馆花天价从苏联政府手中购下此书,警察全程护送的大铁盒子里装的,是347张松散的对折书页。两年后,大英博物馆邀请科克瑞尔将书页装帧成两册,用橡木封板,书脊部位是明矾鞣制过的山羊皮。装帧的同时,他也对皮纸书页进行一些修复。大英图书馆和科克瑞尔的档案中,保留了当时的详细通信,记录了修复及装帧的每个步骤,包括他们对装帧方法及材料选择的全部对话、装帧进展详细的时间表、材料及其供应商的记录,科克瑞尔还写了"关于修复及装帧《西奈抄本》"的详细报告。可惜如今《西奈抄本》长久在大英图书馆的珍宝厅内展出,只能侧头从下面瞄一眼橡木书封。所幸的是,图书馆的装帧资料库中已经被编目的,还有另几本科克瑞尔装帧的书籍,可以借到阅览室翻看。

一本是科克瑞尔1902年装帧的意大利作家安东尼诺·奎伦吉(Antonio Querenghi)的《诗篇》(*Poesie Volgari*),此书原出版于1622年,开本很小,一掌尺寸,秀丽无比。书封为棕色山羊皮,上有烫金线点组成的版框,简洁大方,四角为烫金花饰,枝叶纹样,烫金书名、出版地及年代。书背是五竹节以及点线组成的装饰版框。书封内前后飘口有金线,后飘口下部是装帧师的"签名":DC1902。此书为典型的旧书新装,原书心未经裁切。

另一本是历史学家伯德利（John Edward Bodley，1853—1925)的《爱德华七世加冕史》(*The Coronation of Edward the Seventh*)，爱德华七世（1841—1910）1902年8月加冕，此书次年由伦敦的Methuen & Co出版，其中50本是日本犊皮纸印刷。深棕色山羊皮装帧，五根竹节自然延伸到书封成为装饰图案，黑色以及烫金压印的三叶花纹，有搭扣，书口烫金，前后封板内飘口四道金线，后飘口有装帧师的"签名"：DC1903。

根据网上资料，在英国皇室收藏中，也有一本，同样是1903年由科克瑞尔装帧而成，但根据皇室收藏目录的介绍，那本是红色摩洛哥皮面装帧，封面和封底装饰有当时的威尔士王子（以后的乔治五世）及王妃名字的首字母。伯德利当时请科克瑞尔装订此书，是为了送给威尔士王子及王妃。此书是他受皇室邀请而做，原本可能希冀借书而受皇封，但他只被授予了一个等级并不算高的皇家维多利亚勋章，所以，这让他非常不高兴，第二天就把勋章退回，也没把此书赠送出去。在伯德利和乔治五世都去世之后，到了1936年，伯德利的遗孀才将此书送给不爱江山爱美人的爱德华八世。大英图书馆的这本的由来，并没明确记载。手工装帧的书籍，妙处就在同一版本的书，出自同一位装帧师之手，却因独特的情境而完全不同，每本都是独立的艺术品，都有自己的生命之路。

还有一本是加拿大阿卡迪亚大学图书馆的藏品目录，此书出版于1931年，此本装帧于1933年，绿色山羊皮，封面中心为一版框设计，中心是红色贴皮，烫金图案与四角相呼应，都是五叶枝纹。后封飘口装帧师的签字为"DC & Son 1933"，顶口烫金。书背除了烫金印字外，也有枝叶烫金纹饰。图书馆藏书目录能做到这么精致，也实属少见。

最后一本是手稿，经过特别申请才得以看到。转移到楼上的手稿阅览室，阅读须在图书馆工作人员鼻尖下的指定位置，书内插红色标签，严禁拍照。这是一本"剪贴簿"，科克瑞尔在《造书》中，有一段就专门写了剪贴簿的装帧法。此本装帧薄特别让我感兴趣，是因为簿中所贴是前拉斐尔画派的罗塞蒂兄妹的手书信件。此书装帧极美，红色山羊皮书封，贴皮、无色及烫金压印，中心图案绿叶金花，呈四枚心状相连，中间烫金六个字母，

DGR 是 Dante Gabriel Rossetti（1828—1882），FSE 是 Frederick Startridge Ellis（1830—1901），此公为书商及出版家，是莫里斯和罗塞蒂的好朋友，曾出版过他们的著作。

书中所收是罗塞蒂兄妹在 1870 年到 1883 年之间写给埃利斯的信件。其中哥哥的书信大约 97 封，克里斯蒂娜的只有大约 16 封。除了信件之外，还有明信片。哥哥每封信的称呼都很亲热，内容也很杂，典型的老朋友有事没事来句问候。妹妹的信则要拘谨许多，最初几封信件，是因兄长的介绍，去咨询有关出版童趣诗歌之事。在哥哥去世之后，还有几封信，都是感谢埃利斯对罗塞蒂家的照应，其中 1883 年的一封，克里斯蒂娜执意要归还 5 英镑，可能是埃利斯对他们有所接济。每一封信都裱衬了保护条，再黏贴在深蓝色的页面上，后封飘口处烫金签名 DC1899，估计是埃利斯请科克瑞尔装帧而成。

值得一提的是，科克瑞尔的兄长悉尼·卡莱尔·科克瑞尔（Sydney Carlyle Cockerell，1867—1962）在当时的英国文化界也是一位了不起的人物，他曾是莫里斯的私人助理，1908—1937 年担任剑桥费兹威廉博物馆（Fitzwilliam Museum）的馆长。道格拉斯的儿子就是取兄长之名，悉尼·莫里斯（Sydney Morris），后来也成为书籍装帧师，也就是"DC & Son"中的儿子，曾将父亲的《造书》修订再版。

此书的主译是余彬，年初她有几场马拉松的赛事，翻译都在旅途中，从不同的城市将稿件发到伦敦。42公里的马拉松，她差不多要跑6万多步，此书将近8万字，我们修改了三稿，也就是来回码过24万字。而且，此书文字特实成，都是干货，没一点儿水分，翻译也就像跑马拉松，需要的不是爆发力，而是均衡持久的耐力。也就像书中介绍的装帧的无数道工序一样，一针一线从头到尾都要缜密严实。多亏余彬有四十几个全马和十多本译著的底气，这本书的翻译，两个多月也就完成了。

感谢英国书史学家大卫·皮尔森为此书写了前言并提供部分插图，让我们对西方书籍装帧的来龙去脉有所了解，让这本"技术手册"有了更为广阔的背景。

恺蒂
2019年5月11日

图书在版编目（CIP）数据

造书：西方书籍手工装帧艺术 /（英）道格拉斯·科克瑞尔 (Douglas Cockerell) 著；余彬，恺蒂译 .—南京：译林出版社，2022.1 (2022.6重印)

书名原文：Bookbinding, and the care of books
ISBN 978-7-5447-8556-3

Ⅰ.①造⋯ Ⅱ.①道⋯ ②余⋯ ③恺⋯ Ⅲ.①书籍装帧 Ⅳ.①TS881

中国版本图书馆CIP数据核字（2020）第263693号

造书：西方书籍手工装帧艺术
［英国］道格拉斯·科克瑞尔 / 著　余彬　恺蒂 / 译

责任编辑	张远帆　吕雅坤
装帧设计	朱赢椿　皇甫珊珊
校　　对	孙玉兰
责任印制	颜　亮

原文出版	Pitman, 1945
出版发行	译林出版社
地　　址	南京市湖南路1号A楼
邮　　箱	yilin@yilin.com
网　　址	www.yilin.com
市场热线	025-86633278
印　　刷	南京爱德印刷有限公司
开　　本	787毫米×1092毫米　1/32
印　　张	13.25
插　　页	4
版　　次	2022年1月第1版
印　　次	2022年6月第2次印刷
书　　号	ISBN 978-7-5447-8556-3
定　　价	98.00元

版权所有·侵权必究

译林版图书若有印装错误可向出版社调换。质量热线：025-83658316

ISBN 978-7-5447-8556-3

凤凰出版传媒网:www.ppm.cn

定价:98.00元